嬰幼兒營養與膳食

理論與實務

（第二版）

黃品欣　總校閱
黃品欣、陳碩菲、陳淑美　著

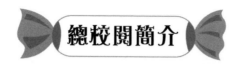

黃品欣

學歷　美國亞歷桑那州立大學課程與教學幼兒教育哲學博士
　　　美國舊金山州立大學幼兒教育碩士
　　　輔仁大學家政系理學士

經歷　明新科技大學師資培育中心主任
　　　國際嬰兒按摩協會（IAIM）講師
　　　英國生之光寶寶瑜伽師資課程培訓
　　　中華民國蒙特梭利基金會師資培訓
　　　台灣國際嬰兒按摩協會創會常務理事
　　　幼稚園／托兒所評鑑委員
　　　幼稚園教師
　　　托嬰中心保育員

現任　明新科技大學幼兒保育系助理教授
　　　新竹縣南區保母系統主任
　　　教育部幼兒園輔導計畫輔導教授
　　　苗栗縣政府幼兒教育輔導團指導教授
　　　幼兒園／托嬰中心教學顧問

專長　幼兒課程設計與教學、幼兒園師資培訓、0～2 歲嬰兒教育、保母
　　　培訓、0～6 歲蒙特梭利教育、嬰兒游泳、嬰幼兒按摩與瑜伽、親
　　　職教育、嬰幼兒膳食設計與製作

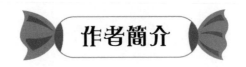

作者簡介

黃品欣

請參閱總校閱簡介

陳碩菲

學歷　台灣大學食品科技研究所博士候選人
中興大學生物科技學研究所碩士
弘光技術學院食品營養系學士

經歷　新竹市衛生局營養師
宏恩醫院營養師
育達商業科技大學兼任講師
明新科技大學兼任講師
中華大學兼任講師
社區保母系統講師

證照　中華民國專技高考營養師
糖尿病共照網營養師
糖尿病衛教師

陳淑美

學歷　朝陽科技大學幼兒保育系碩士

玄奘大學社會福利學系碩士學分班

台中師範學院幼兒教育學系碩士學分班

花蓮師範大學幼兒教育系學士

經歷　幼稚園、托兒所教師

台北縣兒童及少年福利機構專業人員訓練講師

新竹縣兒童及少年福利機構專業人員訓練講師

苗栗縣兒童及少年福利機構專業人員訓練講師

現任　幼稚園園長

大學幼兒保育系兼任講師

師資培育機構兼任講師

教育部幼兒園輔導教師

序

　　作者大學就讀家政系，畢業時徘徊於幼教老師與家政教師的門口，後來選擇了幼兒教育，幸運地，在幼兒園教學過程中仍能將喜愛的膳食營養運用於課程中。

　　近年來，在幼兒教育師資培訓課程中，與學生一起探究適合幼兒的營養與膳食課程及食譜，機緣巧合下發現天聲幼稚園蔡昌榮園長、營養師陳碩菲老師及幼教師陳淑美園長對於幼兒營養與膳食教育有共同的理想與理念，感謝心理出版社大力支持此書之面世。

　　本書之資料除參酌國內外最新之營養學知識外，為求深入淺出，並收編作者歷年來相關之研究資料，提供現場教保服務人員理論與實務之參考，可為大專院校相關科系之教科書，以及托嬰機構／托育家庭教保服務人員之工具書。

　　本書得以順利出版，要感謝天聲幼稚園團隊之鼎力支持；歷年來與作者共同努力的專題學生們；助理彭詩堯小姐協助資料整理；編輯部所有同仁認真、細心的編校與確認相關資料與法規之正確性，將本書付梓印刷。更要感謝在整個研究、寫作與校閱過程中曾給予作者協助與支持的幼兒園老師、園長以及幼教界的學者、專家們。

　　本書內容恐有疏漏之處，企盼讀者及幼教先進海涵並不吝指教，以為將來修訂之寶貴資料，使本書更臻完善。

黃秋玉 謹識

2010 年 2 月於明新科技大學幼兒保育系

目錄

CONTENTS

第一章

營養素的介紹

陳碩菲　著

　　營養是健康的根本，食物是營養的來源，人體需要各種營養素以供生長發育及調節生理機能、修補組織、增加免疫功能等機能，以維持身體的健康。食物就是這些營養素的來源，要獲得足夠、均衡的營養素，就需要了解人體中所需要的營養素有哪些，及其食物來源。所以均衡營養的定義就是「均衡攝取六大類食物，並且符合每日飲食指南及國民飲食指南，以獲得足夠的營養素來源」。很多人常將六大類食物跟六大類營養素混淆，把米飯、豬肉歸為六大類營養素，蛋白質、脂肪說成六大類食物，因此，以下先釐清這些名詞的定義。

一、六大類營養素

　　人體所需要的營養素可依性質與功能分為六大類。其中主成分是碳水化合物，提供基礎能量的營養素稱為醣類；而可修復組織，維持人體生長發育的叫做蛋白質。所以經由分類而產生的六大類營養素，包括蛋白質、醣類、脂質、維生素、礦物質及水（表1-1）。

表1-1　六大類營養素與功能

六大類營養素	功能
醣類	● 供給熱能。 ● 節省蛋白質的功能。 ● 幫助脂肪在體內代謝。 ● 形成人體內的物質。 ● 調節生理機能。
蛋白質	● 供給熱能。 ● 維持人體生長發育，構成及修補細胞、組織之主要材料。 ● 調節生理機能。
脂肪	● 供給熱能。 ● 幫助脂溶性維生素的吸收與利用。 ● 增加食物美味及飽腹感。 ● 保護臟器。 ● 構成細胞膜。
維生素	維生素又稱維他命，由字面可知，維生素是維持生命所需，其大多數不能由身體製造，必須從食物中攝取。其中能溶解於脂肪者稱脂溶性維生素，能溶解於水者稱水溶性維生素。
礦物質	礦物質是食物燒成灰石的殘餘部分，又稱灰分。營養上之主要礦物質有鈣、磷、鐵、銅、鉀、鈉、氟、碘、氯、硫、鎂、錳、鈷等，這些物質雖然不能提供熱量，卻具有下列重要的功能： ● 構成身體細胞的原料：如構成骨骼、牙齒、肌肉、血球、神經之主要成分。 ● 調節生理機能：如維持體液酸鹼平衡，調節滲透壓，心臟肌肉收縮，神經傳導等機能。
水	● 人體的基本組成，為生長之基本物質與身體修護之用。 ● 促進食物消化和吸收作用。 ● 維持正常循環作用及排泄作用。 ● 調節體溫。 ● 滋潤各組織的表面，可減少器官間的摩擦。 ● 幫助維持體內電解質的平衡。

資料來源：參考自行政院衛生署食品藥物管理局（2011e）。

二、六大類食物

　　每種食物有其特有的營養素，將含有相同營養素的食物分成一類，則食物可分成六大類。六大類食物包含全穀根莖類、乳品類、豆魚肉蛋類、蔬菜類、水果類及油脂類（表 1-2）。

表1-2　六大類食物及其營養素

六大類食物	營養素
全穀根莖類（主食類）	醣類
（低脂）乳品類	蛋白質、鈣質
豆魚肉蛋類	蛋白質
蔬菜類	膳食纖維、礦物質、維生素
水果類	維生素、礦物質、醣類
油脂與堅果種子類	脂質

第一節　六大類營養素

　　包括熱量、蛋白質、十四項維生素及八項礦物質的國人膳食營養素參考攝取量，已由衛生署於二〇一一年七月五日完成修訂。所有建議攝取量請參照第七版國人膳食營養素參考攝取量（請見表 1-22）。

壹、醣類

　　醣類，又稱碳水化合物，是由碳、氫與氧三種元素所組成，廣泛存在於全穀根莖類、水果類及乳品類中。醣（糖）這個字有兩種寫法，「醣」代表

所有醣類的總稱，而「糖」指的是有甜味的糖。

一、醣類的種類

　　吃上一口飯，剛開始含在嘴裡只覺得香香的，慢慢的越嚼越覺得香甜，這過程中發生了什麼事呢？這就要談到醣類的組成跟代謝。首先，米飯是由澱粉所組合，就是所謂的多醣類，而這些多醣類會被唾液中的澱粉分解酶分解成寡醣類（如糊精）、雙醣類（如麥芽糖）或單醣類（如葡萄糖），這些醣類的小分子嘗起來就會甜甜的。表1-3列出所有醣類的種類與具代表性的糖類。

（一）單醣類

　　醣類的最小單位，所有的醣（如砂糖、糖果、澱粉類等）都是由單醣類構成的。生活上常聽到的單醣類有葡萄糖跟果糖。

1. 葡萄糖

　　很多保母會把葡萄糖粉末加入開水中，讓嬰幼兒食用，到底什麼是葡萄糖呢？有何作用？是否適合添加呢？這些是在嬰幼兒營養中最常被問到的問題。首先，必須知道的是葡萄糖是血液中最主要的醣類，所以一般常聽到的血糖濃度就是指葡萄糖在血液中的含量。一般在園所最常遇到的例子是：小朋友本來好好的，突然間冒冷汗、雙手顫抖、肚子餓、疲倦、噁心、盜汗、心跳加速或心情不好，這通常是低血糖引起的。低血糖起因為幼兒活動力旺盛，但是因為偏食、飲食不規律，或忘記吃東西，導致血液中葡萄糖濃度太低，因而引起不舒服反應。此時，只要給予幼兒含糖飲料、方糖塊或餅乾，就可以迅速將低血糖問題解決。另外，葡萄糖也是細胞主要的能量來源，因此在嬰幼兒腹瀉或成人生病時，主要會補充電解質跟葡萄糖。所以葡萄糖建議的補充點，以特殊狀況應用為主（如腹瀉、低血糖等），而不建議經常性的添加在開水中。

2. 果糖

　　果糖主要形成水果及蜂蜜的甜味來源，甜度比葡萄糖高，當攝取到體內時，會被轉換成葡萄糖的形式利用。

表1-3 醣類的種類

類別	說明	例如
單醣類	構成醣類的最小單位，常見有：葡萄糖、果糖或半乳糖。單醣經由鍵結可形成雙醣、寡醣與多醣，所以自然界中多以複合型態存在，少見單獨存在於食品中。	葡萄糖 果糖 半乳糖
雙醣類	雙醣類係由兩個單醣結合而成，自然界常見的有：蔗糖、麥芽糖、乳糖。	蔗糖 麥芽糖 乳糖
寡醣類	寡醣類係由3～10個單醣結合而成，例如：水蘇糖、棉籽糖、半乳寡糖、異麥芽寡糖、果寡糖。	棉籽糖 水蘇糖 果寡糖 半乳寡糖 異麥芽寡糖
多醣類	多醣類係由數百至數千個單醣分子聯合的直鏈或支鏈大分子，主要存在自然界食品，飲食中常見的有澱粉、膳食纖維、果膠、肝醣……等。	植物性多醣類： 澱粉 水溶性纖維 非水溶性纖維 動物性多醣類： 肝醣 肌醣

(二)雙醣類

由兩個單醣鍵結在一起的醣類，常見有蔗糖、麥芽糖跟乳糖（表 1-4）。

1. 蔗糖：蔗糖是生活裡最常使用的糖，如一般的紅糖跟砂糖。蔗糖經體內代謝分解可形成葡萄糖跟果糖。

2. 麥芽糖：由二分子葡萄糖形成，當吃入米飯時，唾液中的澱粉酶會把澱粉分解成麥芽糖及糊精，此時可以感受到甜味。糊精及麥芽糖因為容易被人體吸收，所以常常用來當作嬰兒配方中醣類的來源。

3. 乳糖：存在乳汁與乳製品中。甜度低，可以幫助腸胃蠕動及鈣質吸收，是嬰兒主要的醣類來源。母乳所含的乳糖比牛乳高，但是兩者功能是一樣的，皆可以幫助腸胃蠕動與鈣質吸收。另外，台灣常見的乳糖不耐症是指腸道內乳糖酶缺乏或不足，使乳糖無法被消化利用，累積在腸道，造成腸道不正常的發酵與滲透壓的改變，引起腹脹、腸絞痛與腹瀉。

乳糖不耐症，又稱乳糖消化不良或乳糖吸收不良，是指人體內乳糖酶不足以分解乳糖的狀況，主要症狀為攝入牛乳後產生腹瀉、腹脹及腸絞痛等，一般大約在攝食後三十分鐘至三小時會突然出現症狀，症狀持續二至六小時消失。乳糖為牛乳中之主要的碳水化合物，存在於哺乳類動物之乳中，為人類嬰兒時期最重要之能量來源。嬰幼兒在斷乳後，因為乳品類攝取量變少，身體開始逐漸減少乳糖酶的合成，所以全球約有七成的人在成年後會出現乳糖不耐症；但是若能經常保持飲用牛乳的習慣，就可以維持乳糖酶的活性而不致引起乳糖不耐的狀況。下列提供幾種調整乳糖不耐症的方法：

1. 漸進性的食用牛乳：每天從 20 毫升牛乳開始增加攝取量，慢慢調整至乳糖酶活性增加。

2. 藉由食用低乳糖食品來改善。

3. 補充「食用乳糖酵素」：乳糖不耐症之患者除了可購買降低乳糖含量之低乳糖牛乳，亦可於飲料中補充乳糖酶來幫助乳糖之消化。

4. 食用優酪乳。經由發酵而且含有活菌之優酪乳（即發酵乳），其乳糖較易被人體消化，因此可減緩乳糖不耐症之症狀。

5. 將牛乳加熱，也可以減緩不適的症狀。

表1-4 雙醣的種類與組成分子

名稱	組成分子
蔗糖	葡萄糖＋果糖
麥芽糖	葡萄糖＋葡萄糖
乳糖	葡萄糖＋半乳糖

(三) 寡醣類

寡醣是指三至十個單醣分子所構成的醣類化合物，在蘆筍、大蒜、洋蔥、黃豆等食物中都有寡醣的存在。寡醣可以從這些天然食物中萃取，也可以利用酵素合成，一般常見的果寡糖就是以蔗糖作為原料加工而成的寡醣產品。

1. 寡醣的利用性

(1)改善腸道菌叢生態：寡醣進入體內並不會被人體的消化酵素分解，它可以通過胃酸進入小腸及大腸，作為體內有益菌生長繁殖的養料，抑制有害菌的生長，促成腸道菌叢生態健全，一般建議可以和乳酸菌或比菲德氏菌（Bifidus）配合使用，可達保健功能。但是不建議在一歲以前添加，在一歲後如果要添加寡醣，要注意不能超量，過量的寡醣會引起幼兒的腸絞痛、脹氣或腹瀉，一般幼兒對寡醣的容忍度為每天 2 克左右，劑量會因為寡醣的種類與幼兒的體質而有所差異，因此還是以觀察幼兒腸胃狀況來調整寡醣劑量。

(2)良好的甜味劑：寡醣的甜度約為蔗糖的 $20 \sim 70\%$，口感與蔗糖近似，但不像蔗糖一般會被口腔中的細菌發酵產酸侵蝕牙齒，因此不會造成蛀牙。

(3)控制血脂肪：寡醣與膽酸及膽鹽結合而將其排除於體外，防止再吸收，體內就會促進膽固醇在肝臟進行氧化作用，降低血中膽固醇濃度。

2. 造成脹氣的寡醣

在豆類食品中存有一些天然的寡醣，叫做棉籽糖跟水蘇糖，此兩種糖類在腸管中不易消化，但是會被腸道內細菌分解產生大量氣體，故食用過多的豆類容易造成脹氣，尤其是沒有煮熟的生黃豆，裡面所含的棉籽糖跟水蘇糖更易導致脹氣。

(四) 多醣類

多醣類的種類非常繁多，包含澱粉、糊精、纖維質、肝醣等。飲食中常見的多醣類為米飯、麵食、馬鈴薯、蕃薯、小麥等全穀根莖類，食物中主要醣類來源來自這些澱粉類食物，只有少量的醣類來自乳品類的乳糖，或水果及蔬菜中的果糖。一般可將多醣類粗分為可消化的多醣類（如澱粉）及不可消化的多醣類（如膳食纖維）。

1. 可消化的多醣類

(1)澱粉：由數百個數千個葡萄糖構成，當水解之後會形成糊精及麥芽糖，容易被消化吸收，是嬰兒配方中的主要醣類來源。

(2)肝醣：動物體內儲存醣類形式，儲存總量有限，主要是用來迅速分解成血糖，以供細胞應用。

2. 不可消化的多醣類

不可消化的多醣類最常見的是膳食纖維，所謂膳食纖維就是指在人體消化道中不能被消化吸收的物質，如：纖維質、半纖維質、果膠、樹膠、木質素等，這些物質無法產生熱量，但在人體上有其功能。膳食纖維照其特性可分成兩大類，即水溶性膳食纖維與非水溶性膳食纖維。

(1)水溶性膳食纖維

①主要成分：果膠、植物膠、樹膠。

②食物來源：木耳、愛玉、寒天、仙草、柑橘、燕麥、海藻、蘋果、梨。

③水溶性纖維功用：

A.降低血膽固醇：水溶性膳食纖維可與膽酸鹽結合排出體外，增加膽固醇的分解，因而降低血中膽固醇的濃度。

B.延緩血糖上升之速度：水溶性膳食纖維延緩醣類的吸收，能延緩血糖上升之速度，對於糖尿病幼兒可幫助血糖的控制。

C.增加飽足感：凝膠性質會減緩消化作用，延長食物在胃部停留的時間，降低飢餓感，可以用來控制體重。

(2)非水溶性膳食纖維

①主要成分：纖維素、半纖維素、類木質素。

②食物來源：糙米、全麥製品、米麩、小麥麩皮、燕麥麩、大部分的葉菜類、胡蘿蔔。

③非水溶性纖維功用：

A.預防便秘：非水溶性膳食纖維可增加糞便的體積，刺激腸道蠕動，幫助排便，縮短腸壁與糞便中有害物質接觸的時間，以及改變腸道菌相，降低致癌物生成。

B.增加飽足感：非水溶性膳食纖維體積大，又需較長的咀嚼時間，可增加飽足感。

二、醣類的功能

1. 供給熱能：每公克醣類可產生 4 大卡的熱量，而多餘消耗不掉的醣類就會形成脂肪堆積。

2. 形成人體內的物質：醣類在體內會轉換成葡萄糖，葡萄糖是血液中主要的醣類，也是細胞或組織主要的能量運用形式。

3. 節省蛋白質：當攝取的醣類不夠時，身體會以蛋白質作為能量的來源，而使蛋白質無法促進生長發育、修補組織，所以攝取足夠的醣類才能增加蛋白質的利用，節省蛋白質。

4. 幫助脂肪在體內代謝：脂質代謝過程中，必須有醣類的參與代謝才能完成，否則血液中會產生過多的酮體，造成酮酸中毒。

5. 調節生理機能：

(1)多醣類（膳食纖維）可以增加飽足感，促進腸胃蠕動，預防便秘。

(2)多醣類（膳食纖維）降低血清膽固醇，延緩血糖的變化。

(3)葡萄糖是腦細胞與神經細胞能量的主要來源，當血液中葡萄糖缺少

時，會影響其正常功能。

三、醣類的甜度

醣類其中一樣主要功能就是提供食物甜度，不管是水果中的果糖或是做蛋糕添加的砂糖，都是食物中甜味的主要來源。每種糖類的甜度都不相同，所以在製作點心時，可以依據需求選擇不同甜度的糖類，表 1-5 列出常見的糖類及代糖類的甜度差別。

 表1-5　各種糖類的甜度比較

名稱	構成分子	相對甜度[1]
蔗糖	葡萄糖＋果糖	1
麥芽糖	葡萄糖＋葡萄糖	0.46
乳糖	葡萄糖＋半乳糖	0.16
葡萄糖	葡萄糖	0.70
果糖	果糖	1.73
代糖（熱不安定）	阿斯巴甜[2]（苯丙胺酸[3]＋天門冬胺酸）	180～200
代糖（熱安定）	醋磺內酯鉀	160～200

備註：

(1) 相對甜度：將蔗糖甜度設為 1，然後與其他醣類甜度做比較。在製作低熱量點心時，可以選擇使用相對甜度高的糖類。

(2) 阿斯巴甜對熱不穩定，高溫下甜味會消失，因此無法用於烘焙食品，目前廣泛使用於糖果或低熱量飲料中，如：低卡可樂……中，每日可攝取量（Acceptable Daily Intake, ADI）為每公斤體重 50 毫克。醋磺內酯鉀對熱安定，可用於高溫烹調或烘焙，每日可攝取量則為每公斤體重 15 毫克。

(3) 阿斯巴甜中含有苯丙胺酸，因此不適合苯丙酮尿症的患者使用，否則會造成患童的智能傷害。

四、醣類攝取不足

醣類攝取不足將導致體內無法獲得足夠的熱量，蛋白質與脂質會分解用

以提供熱量，無法進行其原本主要的功用。蛋白質分解會產生尿素氮，而脂肪分解會產生酮酸，這兩種物質都會增加腎臟的代謝負擔，需要大量水分幫忙帶出體外，否則會造成腎臟傷害以及酮酸中毒。

五、醣類攝取太多

每公克醣提供 4 大卡的熱量，當攝取過多醣類時，總攝取熱量會增加，當熱量超過身體需要量之後，多餘的醣類會無限量的轉變成脂肪儲存在身體中，造成體重過重與肥胖。

六、醣類的建議攝取量

醣類的攝取量隨熱量的需要而定，建議醣類熱量佔總熱量的 58～68%，並要多攝食全穀類食物，減少精製醣類。

七、醣類的來源

醣類的主要食物來源有下列幾類：
1. 全穀類：米、小麥、大麥、燕麥、玉米、粟米等。
2. 根莖類：甘藷、芋頭、馬鈴薯、樹薯等。
3. 豆類：紅豆、綠豆、大豆、花豆等。
4. 水果類：蘋果、葡萄、橘子等。
5. 乳品類：全脂奶、脫脂奶或其他乳類製品等。

貳、蛋白質

蛋白質是由胺基酸組合而成，自然界中存在的胺基酸有五十種以上，用於合成蛋白質的胺基酸主要有二十三種，不同的胺基酸有不同的支鏈構造。有些胺基酸可以在人體肝臟內由其他的胺基酸轉換而成，稱為非必需胺基酸；有些胺基酸無法在肝臟自行合成，必須由食物中取得，稱為必需胺基酸；有些胺基酸體內雖然可以合成，但是合成量不足以供應身體需求，稱為半必需胺基酸，如嬰兒成長期對精胺酸的需要量比成人高，且成長中的嬰兒又不能

自製精胺酸，所以精胺酸又稱為半必需胺基酸（表 1-6）。

表1-6　胺基酸的種類

必需胺基酸	半必需胺基酸	非必需胺基酸
酥胺酸（Threonine）	精胺酸（Arginine）	甘胺酸（Glycine）
纈胺酸（Valine）	半胱胺酸（Cysteine）	丙胺酸（Alanine）
白胺酸（Leucine）		絲胺酸（Serine）
異白胺酸（Isoleucine）		胱胺酸（Cystine）
甲硫胺酸（Methionine）		天門冬胺酸（Aspartic acid）
離胺酸（Lysine）		醯胺天門冬胺酸（Asparagine）
苯丙胺酸（Phenylalanine）		麩胺酸（Glutamic acid）
色胺酸（Tryptophan）		醯胺麩胺酸（Glutamine）
組胺酸（Histidine）		酪胺酸（Tyrosine）
		脯胺酸（Proline）

一、蛋白質的種類

蛋白質中含必需胺基酸種類越齊全，營養價值越高，所以蛋白質依照營養價值分類如下：

(一) 完全蛋白質

完全蛋白質是指蛋白質內包含所有人體所需的必需胺基酸，且各種胺基酸所佔比例適當與含量充足，除了能用以維持生命，還可促進生長發育。大部分動物性蛋白質均屬於此類，而幼兒期所需要的蛋白質要有 2/3 以上來自完全蛋白質，才能使生長良好。

(二) 部分完全蛋白質

部分完全蛋白質雖然包含大部分必需胺基酸，但其中某些胺基酸的含量無法滿足人體所需，僅能維持生命，對於生長發育沒有幫助，大部分植物性蛋白質都屬於此類。

(三) 非完全蛋白質

非完全蛋白質包含的必需胺基酸種類並不齊全，含量也不充足，既不能維持生命，更無法促進生長發育，如玉米蛋白以及蹄筋與魚翅等動物膠質。

食物中蛋白質營養價值，除了量的多寡外，還要考慮蛋白質的品質，一般而言，動物性食品多為完全蛋白質，含有全部種類的必需胺基酸，而植物性食品卻會欠缺幾種必需胺基酸。胺基酸合成蛋白質是遵循「全或無」法則，所謂「全或無」法則是指所有必需胺基酸都足夠才能合成特定的蛋白質。一般而言，五穀類含量較低的必需胺基酸是離胺酸，豆類含量較少的是甲硫胺酸與色胺酸，所以素食者宜選擇多種的食物種類，來提高飲食中蛋白質的品質。

二、蛋白質的功能

(一) 供給熱能

每公克蛋白質產生 4 大卡的熱量。

(二) 調節生理功能

蛋白質參與很多生理調節功能，例如白蛋白維持身體中的酸鹼平衡及水的平衡、運輸蛋白幫助營養素的運送、酵素參與生理的代謝等。

(三) 維持人體生長發育、構成及修補細胞、組織之主要材料

蛋白質可以建造新的組織與修補舊的組織，尤其對生長發育期，如嬰兒期、兒童期、青春期及懷孕期都非常重要。

三、蛋白質攝取不足

飲食中蛋白質攝取不足時，會造成幼兒生長發育遲緩、體重不足、容易疲倦、抵抗力減弱、身高不足。嚴重蛋白質缺乏還會造成水腫、脂肪肝、皮膚炎等，若再加上熱量攝取不夠，即形成所謂的蛋白質熱量缺乏症。

四、蛋白質攝取太多

1. 增加肝腎負擔：由於蛋白質代謝所產生的含氮廢棄物需由肝腎排泄，

當蛋白質攝取太多時，含氮廢棄物增加，因而增加肝臟及腎臟的負荷。幼兒肝腎發育不如成人成熟，過度的蛋白質攝取對幼兒的肝腎負擔甚大。

2. 造成鈣質流失：蛋白質代謝後所產生的一些酸性物質會與鈣結合而排出，造成鈣的排泄增加。

3. 導致體重過重或肥胖：蛋白質食物多來自魚、肉、豆、蛋類或牛乳類，這些食物中熱量、飽和脂肪及膽固醇的含量也高，易導致幼兒體重過重或肥胖。血液中飽和脂肪及膽固醇含量過高，也會增加心血管疾病的危險性。

五、蛋白質的每日建議攝取量

蛋白質建議攝取量應佔每日總熱量之 12～15%，以下就嬰幼兒年齡及生理狀況不同做說明。

1. 一歲以內嬰兒個體差異大，成長速率因人而異，所以不分性別，每日蛋白質建議攝取量以每公斤體重為計量單位（詳細計量請參照表1-22）。

2. 一至十二歲兒童不分性別，建議量為每日 20～55 公克。

六、蛋白質的食物來源

蛋白質的食物來源可分為動物性與植物性：
1. 動物性：蛋、乳品類、肉類、魚類、家禽類。
2. 植物性：豆類、全穀根莖類。

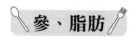

參、脂肪

脂質通常稱為脂肪或油脂，在室溫下呈固態者稱為脂肪，如豬油、牛油；呈液態者稱為油類，如花生油、黃豆油。

一、脂肪的分類

(一) 依照飽和度分類

　　脂肪進入體內會被分解成三酸甘油酯和脂肪酸，來自不同食物的脂肪會分解成不同的脂肪酸。這些脂肪酸依碳鏈飽和程度可分為沒有碳雙鍵的飽和脂肪酸（如膽固醇）和含有碳雙鍵的不飽和脂肪酸（圖 1-1）。不飽和脂肪酸可由碳雙鍵的數目再細分為含有單個碳雙鍵的單元不飽和脂肪酸（如芥花油）和含有多個碳雙鍵的多元不飽和脂肪酸（如大豆油）。不飽和脂肪酸也可由碳雙鍵的位置分為 ω-9（Omega-9）系列脂肪酸（如油酸），ω-6（Omega-6）系列脂肪酸（如亞麻油酸），和 ω-3（Omega-3）系列脂肪酸（如 α-亞麻油酸）。

飽和脂肪酸

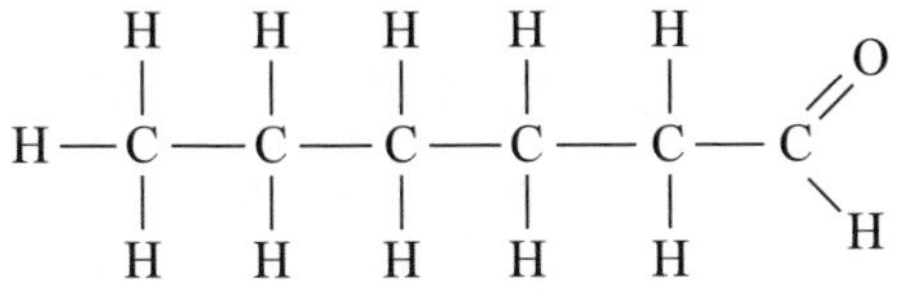

單元不飽和脂肪酸

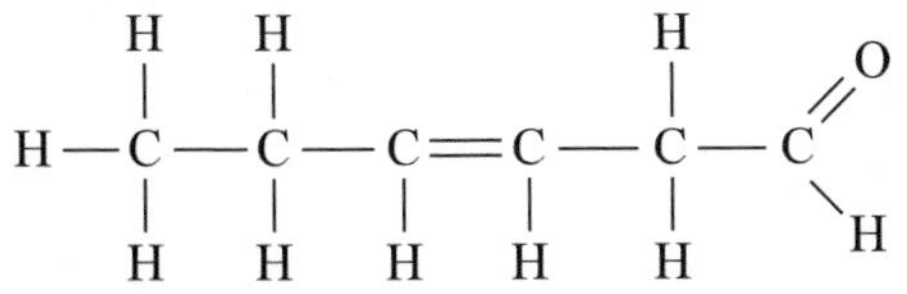

多元不飽和脂肪酸

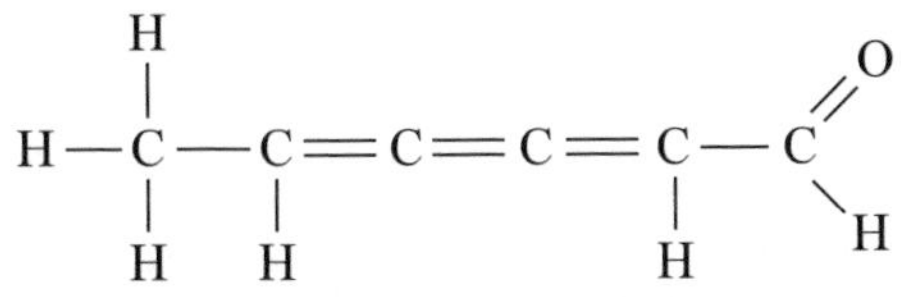

圖 1-1　飽和脂肪酸與不飽和脂肪酸

(二) 依照需求性分類

脂肪依照人體需求性分成必需脂肪酸與非必需脂肪酸。

1. 必需脂肪酸：指不能為人體所合成而必須自食物攝取的脂肪酸，包含亞麻油酸及次亞麻油酸等兩種多元不飽和脂肪酸。含必需脂肪酸較多的油脂為麻油、紅花籽油、玉米油、大豆油等植物油，在動物性脂肪中則以雞油含量較高。必需脂肪酸為人體所必需，在促進生長及維持皮膚健康等功能上具有重要的角色，缺乏時會有生長遲滯及類似濕疹的皮膚炎等症狀。嬰兒期主要依賴乳汁的餵養，而產婦食用的麻油雞即含豐富的必需脂肪酸，可使乳汁提供充足的必需脂肪酸。

2. 非必需脂肪酸：人體可以利用食物中的碳、氫、氧原子，自行合成大多數的脂肪酸，這些不需要在飲食中特別攝取的脂肪酸，稱為「非必需脂肪酸」。

(三) 以化學結構區分

1. 不飽和脂肪酸的分子式因氫原子的方位不同，可分為兩種結構，一種為順式鍵結（順式脂肪酸），另一種則為反式鍵結（反式脂肪酸）（圖 1-2）。天然的不飽和脂肪酸幾乎都是順式脂肪酸，所以動物所能代謝的脂肪為順式脂肪酸，反式脂肪酸是經人工氫化處理後才誕生的，自然界中幾乎不存在，所以人體也難以處理此類脂肪，一旦反式脂肪酸進入人體，大都滯留於人體，無法完全被代謝，進而增加罹患心臟血管疾病的機率。

2. 反式脂肪酸最高攝取上限：世界衛生組織建議，飲食中每天反式脂肪的攝取須低於每天攝取熱量的 1%。所以，以一個每日消耗 2,000 卡的成人而言，每天反式脂肪酸攝取量不能超過 2 克。

3. 反式脂肪酸食物來源：食物包裝上一般食物標籤列出成分如稱為「氫化植物油」、「部分氫化植物油」、「氫化脂肪」、「精煉植物油」、「氫化棕櫚油」、「固體菜油」、「酥油」、「人造酥油」、「雪白奶油」或「起酥油」即含有反式脂肪酸。

不飽和的碳原子（C）以雙鍵連接，接在其上面的氫原子（H）在相同方向稱「順式」結構。

不飽和的碳原子（C）以雙鍵連接，接在其上面的氫原子（H）在不同的方向稱「反式」結構。

圖 1-2　順式結構與反式結構

二、脂肪的功能

1. 供給熱能：每公克脂肪產生 9 大卡熱量，身體中多餘的熱量也以脂肪的型態貯藏。
2. 幫助脂溶性維生素的吸收與利用：維生素 A、D、E、K 為脂溶性維生素，必須溶於脂肪中才能被身體吸收利用。
3. 增加食物美味及飽腹感：食物中的脂肪可增加食物的美味、促進食慾；並減緩胃酸的分泌，使食物在胃中停留時間較長而增加飽足感。
4. 保護臟器：身體上的脂肪可以維持體溫及保護臟器不受到震盪撞擊的傷害。
5. 構成細胞膜：脂肪的多元不飽和脂肪酸是構成細胞膜的成分之一。

三、脂肪攝取不足

1. 導致嬰兒溼疹：缺乏亞麻油酸的嬰兒會有溼疹出現。
2. 造成生長遲緩與生育問題：脂肪中的必需脂肪酸缺乏時會造成生長遲緩，生育能力降低。
3. 無法保護固定臟器：使肝、腎、胃等臟器容易因輕微碰撞而受傷。

四、脂肪攝取太多

1. 脂肪攝取太多造成熱量過剩，多餘的熱量會轉變成身體脂肪組織，造成體重過重與肥胖。

2. 脂肪攝取過多，尤其是飽和脂肪酸攝取過多，會使血中膽固醇濃度增加，造成心血管疾病危險。

五、脂肪的建議攝取量

脂肪的攝取量乃配合個人熱量的需求而增減，建議不超過總熱量的30%，其中不飽和脂肪酸攝取量要大於飽和脂肪酸的攝取量。單元不飽和脂肪酸（如橄欖油）可佔總熱量的10%；飽和脂肪酸（如炸薯條用的豬油）對於幼兒肥胖、癌症及心血管的負擔皆較負面，因此建議控制在10%以下；多元不飽和脂肪酸（如EPA、DHA）對幼兒腦部發育有很好的幫助，但是此類型的脂肪酸容易遇熱產生劣變，因此不建議用於高熱的烹調方式（如油炸），一般也是建議控制在總熱量的10%。此類脂肪酸良好來源為深海魚類（如鮪魚），因此建議每週至少食用三至四份深海魚類。另外，二〇一一年每日飲食指南強調每日油脂類攝取，應包含一份堅果（核果）與種子類，鼓勵國人攝取堅果以取代精製油類，堅果（核果）種子類製品不但有益均衡營養，更能降低多種慢性疾病風險，例如早發型糖尿病及某些幼兒癌症。

六、脂肪的食物來源

脂肪的主要來源有大豆油、花生油、菜籽油等植物性油脂及牛油、豬油和各種肉類所含的動物性脂肪（表1-7）。植物性油脂中不含膽固醇，並含較多的不飽和脂肪酸，而動物性油脂含飽和脂肪酸較高。

 表1-7 脂肪的食物來源

脂肪酸種類	食物來源
飽和脂肪酸	動物油、牛乳裡面的油脂、內臟類、牛肉、羊肉
單元不飽和脂肪酸	橄欖油、芥花油、油菜籽油、花生油、酪梨、胡桃、杏仁、榛實、腰果、花生
多元不飽和脂肪酸	大豆油、玉米油、葵花油、紅花籽油、棉花籽油、魚油

肆、維生素

　　維生素是一種有機物質，在我們體內無法合成，必須由食物中獲得，雖所需要的量不多，但在維持生命、促進生長發育上是不可或缺的。維生素不能產生熱能，也不能形成身體組織的材料，其主要功能為參與身體代謝作用。

一、維生素的分類

　　維生素依其溶解性質可分為脂溶性維生素與水溶性維生素（表1-8），脂溶性維生素包含維生素A、D、E及K，水溶性維生素有維生素B群及C。水溶性維生素多時，便由身體中排出，但脂溶性維生素不易排出體外，當服用過多時會累積儲存在身體中引發中毒。

 表1-8　維生素的分類

脂溶性維生素	水溶性維生素	
(1)維生素 A	維生素B群	(1)維生素 B_1
(2)維生素 D		(2)維生素 B_2
(3)維生素 E		(3)維生素 B_6
(4)維生素 K		(4)維生素 B_{12}
		(5)菸鹼素
		(6)葉酸
	維生素 C	

（一）脂溶性維生素

　　脂溶性維生素包含維生素A、D、E及K，因為脂溶性維生素不易排出體外，當服用過多時會累積儲存在身體內引發中毒，所以除了每日建議攝取量（表1-9及表1-22）外，尚有上限攝取量做建議（表1-10及表1-21）。所謂的「上限攝取量」是指每天能補充的最高劑量，使用該維生素補充劑時不能超過這個劑量；而維生素K因為會由腸道細菌自行合成，所以在二〇一一年前無建議攝取量，但是由於飲食型態與生活型態的變遷，此次第七版國人膳

食營養素參考攝取量已新增維生素 K 足夠攝取量（Adequate Intakes, AI）。

表1-9　零至十五歲維生素 A、D、E、K 每日參考攝取量

營養素	維生素 A(RDA)	維生素 D(AI)	維生素 E(AI)	維生素 K(AI)
單位 年齡	微克 （μg RE）(1)	微克 （μg）(2)	毫克 （mg α-TE）(3)	微克 （μg）
0～6 月	AI=400(4)	10	3	2.0
7～12 月	AI=400	10	4	2.5
1～3 歲	400	5	5	30
4～6 歲	400	5	6	55
7～9 歲	400	5	8	55
10～12 歲	500	5	10	60
13～15 歲	男 600　女 500	5	12	75

備註：(1) RE（Retinol Equivalent）即視網醇當量。

　　　　1μg RE=1μg 視網醇（Retinol）=6μg β-胡蘿蔔素（β-Carotene）

　　　(2) 維生素 D 係以維生素 D_3（Cholecalciferol）為計量標準。

　　　　1μg=40 IU 維生素 D_3（IU 是國際單位，International Unit）

　　　(3) α-TE（α-Tocopherol Equivalent）即α-生育醇當量。

　　　　1mg α-TE=1mg α-Tocopherol

　　　(4) 表中未標明 AI（足夠攝取量，Adequate Intakes）值者，即為 RDA（建議量，Recommended Dietary Allowance）值。

資料來源：行政院衛生署食品藥物管理局（2011b）。

1. 維生素 A

(1)維生素 A 的功能

　①維持在黑暗光線下的正常視力：維生素 A 可幫助視紫質的形成，使視
　　紫質在黑暗的情況下得以再生，維持正常的視覺。

表1-10 零至十五歲維生素 A、D、E 每日上限攝取量

營養素	維生素 A	維生素 D	維生素 E
單位　　　　年齡	微克（μg RE）	微克（μg）	毫克（mg α-TE）
0～6 月	600	25	
7～12 月	600	25	
1～3 歲	600		200
4～6 歲	900	50	300
7～9 歲	900	50	300
10～12 歲	1700	50	600
13～15 歲	2800		800

資料來源：行政院衛生署食品藥物管理局（2011b）。

　②保護表皮、黏膜不易被細菌侵害：正常的黏膜細胞會分泌一種物質來保護細胞表面使其保持溼潤，當維生素 A 缺乏時，此種物質的分泌減少，導致皮膚乾燥、角質化，易使細菌侵入。適量的維生素 A 可使上皮細胞正常分化，並增加免疫系統的功能。

　③促進牙齒和骨骼的正常生長：適當的維生素 A 可促使骨骼與牙齒生長正常。

(2)維生素 A 缺乏症

　①夜盲症：維生素 A 缺乏使視紫質受光後不能再生，由光亮處進入黑暗的地方，便無法立刻看清景物，此即由維生素 A 缺乏所引起的夜盲症。

　②影響視力健康：維生素 A 缺乏使淚腺上皮組織角質化，淚水分泌不足使結膜、角膜乾燥，即所謂的乾眼症。

　③皮膚乾燥及毛囊角化症：維生素 A 的缺乏會產生皮膚及皮脂腺的角質化，使皮膚乾燥及造成毛囊性皮膚角化症等。

(3)維生素 A 過多

　　一般由飲食中攝取，不易造成維生素 A 過多而中毒，但是長期大量服用維生素 A 補充劑或濫用魚肝油，容易產生維生素 A 的蓄積造成中毒現象。

(4)維生素 A 的食物來源

　　魚肝油、肝臟、蛋、深綠色及深黃色蔬菜、水果（如胡蘿蔔、菠菜、番茄、紅心蕃薯、木瓜、芒果等）。

2. 維生素 D

(1)維生素 D 的功能

　　維生素 D 經過活化後能促進鈣質的吸收，增加血清鈣的濃度，鈣吸收後隨血液進入骨骼，鈣與磷的沉澱即產生骨骼鈣化，使骨骼硬化有足夠支撐的力量。

(2)維生素 D 的缺乏

　　維生素 D 的主要功能是促進鈣的吸收，所以當維生素 D 缺乏時，鈣的吸收受到影響而造成鈣缺乏的症狀，兒童會產生佝僂症，成人及老年人則出現骨質疏鬆症。

(3)維生素 D 過多

　　大多數人由食物攝取維生素 D 不易超過上限攝取量，但大量使用補充劑，且刻意大量攝取高維生素 D 含量食物者，可能會有中毒的危險。維生素 D 中毒的主要症狀為高血鈣症，長期高血鈣症會造成腎臟、血管、心臟、肺臟等軟組織的轉移性鈣化。

(4)維生素 D 的食物來源

　　含維生素 D 豐富的食物有魚肝油、肝臟、蛋黃，添加維生素 D 的牛乳。太陽照射可將皮膚內的 7-脫氫膽固醇轉變成活化型之維生素 D_3，為人體直接利用，所以維生素 D 又稱陽光維生素。

3. 維生素 E

(1)維生素 E 的功能

　　①維持動物生殖機能：維生素 E 又稱生育醇，缺乏會導致不孕。

　　②抗氧化：維生素 E 分布在細胞膜上，可接受由細胞代謝過程中產生的

「自由基」，保護細胞不受自由基的攻擊。

(2)維生素 E 缺乏

缺乏維生素 E 時容易造成血球破裂，產生溶血性貧血，大都發生在嬰兒及早產兒，成人較少發生。

(3)維生素 E 過多

高劑量維生素 E 會造成動物凝血異常及出血。

(4)維生素 E 的食物來源

富含維生素 E 的食物有植物油、小麥胚芽、胚芽油、肝臟、肉類、豆類、核果類。

4. 維生素 K

(1)維生素 K 的功能

維生素 K 可幫助凝血因子活化而產生凝血作用，以免傷口出血時間延長。

(2)維生素 K 缺乏

維生素 K 缺乏時，會延長血液凝固的時間，並容易造成皮下出血，形成「紫斑症」。因營養不足引起的維生素 K 缺乏症是很罕見的，因為維生素 K 可由腸道菌叢合成，會缺乏的原因通常是由於維生素 K 在腸中吸收被干擾（使用維生素 K 拮抗劑）或不當使用抗生素。新生兒來自母體維生素 K 儲存量少，且腸道菌落尚未建立，食量也小，容易有缺乏造成出血現象，因此國內新生兒均在出生時以肌肉注射方式補充 1 毫克維生素 K，避免新生兒凝血不全。

(3)維生素 K 的食物來源

維生素 K 含量豐富的食物有綠色蔬菜、肝臟、肉類。

(二) 水溶性維生素

雖然水溶性維生素每天從代謝器官中排出（如尿液），但仍不建議大量攝取。過量攝取水溶性維生素會造成生理代謝改變，一方面會使未來水溶性維生素需求量增大，另一方面單一維生素攝取會造成另外一種維生素吸收不良，產生吸收競爭，反而會出現營養素缺乏症狀（如單一補充過量維生素 B_1，反而會造成其他維生素 B 群的吸收不足）；另外，大劑量的水溶性補充

也會產生生理的不適症狀，如大量補充菸鹼酸會出現腸胃道不適、腹瀉、皮膚發癢等不適症狀。表 1-11 列出零至十五歲水溶性維生素每日參考攝取量，建議每天攝取量宜參照此建議量，避免攝取量太高或者不足。

1. 維生素 B_1

  (1)維生素 B_1 的功能

    ①增加食慾：維生素 B_1 不足時，會造成腸胃消化系統的改變，以致食慾不振。

    ②促進胃腸蠕動及消化液的分泌。

    ③預防及治療神經炎：維生素 B_1 參與神經膜的某些功能，所以維生素 B_1 與維持神經系統的正常功能有關。

    ④能量代謝的重要輔酶，促進動物生長：在能量代謝上，維生素 B_1 為重要的輔酶之一，故維生素 B_1 的需要量與熱量的攝取多寡有關。

  (2)維生素 B_1 缺乏症

    維生素 B_1 在體內代謝時間快速，當飲食中未含有維生素 B_1 時，大約十天左右就會有輕微的缺乏症狀發生，包括：便秘、食慾低落、疲倦、虛弱無力、嗜睡、頭痛、煩躁、憂鬱等，這表示神經與肌肉功能已受到缺乏維生素 B_1 的干擾。另外嚴重的維生素 B_1 缺乏稱為腳氣病，最早發生在亞洲地區吃精製白米之族群，其症狀為下肢水腫、麻木、神經炎、心臟擴大、消化系統障礙等。

  (3)維生素 B_1 的食物來源

    胚芽米、糙米、全麥、瘦豬肉、肝臟、豆類、核果類及酵母粉。

2. 維生素 B_2

  (1)維生素 B_2 的功能

    ①預防口角炎、舌炎。

    ②防治眼血管充血。

    ③安定神經。

表1-11　零至十五歲水溶性維生素每日參考攝取量

營養素 年齡／性別	維生素 B₁（毫克）男	維生素 B₁（毫克）女	維生素 B₂（毫克）男	維生素 B₂（毫克）女	菸鹼素（毫克 NE）⁽¹⁾ 男	菸鹼素（毫克 NE）⁽¹⁾ 女	維生素 B₆（毫克）男	維生素 B₆（毫克）女	維生素 B₁₂（微克）男	維生素 B₁₂（微克）女
0－6 月	AI=0.3	AI=0.3	AI=0.3	AI=0.3	AI=2	AI=2	AI=0.1	AI=0.1	AI=0.4	AI=0.4
7－12 月	AI=0.4	AI=0.3	AI=0.4	AI=0.4	AI=4	AI=4	AI=0.3	AI=0.3	AI=0.6	AI=0.6
1－3 歲	0.6	0.6	0.7	0.7	9	9	0.5	0.5	0.9	0.9
4－6 歲	0.9	0.8	1.0	0.9	12	11	0.6	0.6	1.2	1.2
7－9 歲	1.0	0.9	1.2	1.0	14	12	0.8	0.8	1.5	1.5
10－12 歲	1.1	1.1	1.3	1.2	15	15	1.3	1.3	2.0	2.2
13－15 歲	1.3	1.1	1.5	1.3	18	15	1.4	1.3	2.4	2.4

營養素 年齡／性別	葉酸（微克）男	葉酸（微克）女	膽素（毫克）（AI）⁽²⁾ 男	膽素（毫克）（AI）⁽²⁾ 女	生物素（微克）（AI）男	生物素（微克）（AI）女	泛酸（毫克）（AI）男	泛酸（毫克）（AI）女	維生素 C（毫克）男	維生素 C（毫克）女
0－6 月	AI=70	AI=70	140	140	5.0	5.0	1.7	1.7	AI=40	AI=40
7－12 月	AI=85	AI=85	160	160	6.5	6.5	1.8	1.8	AI=50	AI=50
1－3 歲	170	170	180	180	9.0	9.0	2.0	2.0	40	40
4－6 歲	200	200	220	220	12.0	12.0	2.5	2.5	50	50
7－9 歲	250	250	280	280	16.0	16.0	3.0	3.0	60	60
10－12 歲	300	300	350	350	20.0	20.0	4.0	4.0	80	80
13－15 歲	400	400	460	380	25.0	25.0	4.5	4.5	100	100

備註：(1) NE（Niacin Equivalent）即菸鹼素當量。菸鹼素包括菸鹼酸及菸鹼醯胺，以菸鹼素當量表示之。

(2) 表中未標明 AI（足夠攝取量）值者，即為 RDA（建議量）值。

參考資料：行政院衛生署食品藥物管理局（2011b）

④幫助能量的代謝：維生素 B_2 形成的輔酶在體內的氧化還原作用中擔任重要之角色，與能量代謝有關，故維生素 B_2 需要量亦與熱量攝取多寡有關。

(2)維生素 B_2 缺乏

國民營養調查發現，國人飲食中對維生素 B_2 攝取量較建議攝取量為低，雖然逐年有改善的狀況，但是仍然未達到建議攝取量。而維生素 B_2 缺乏容易發生兩側口角處泛白、潰爛、發紅及疼痛，此即所謂口角炎。舌頭腫大，呈紫紅色，即所謂舌炎。而鼻子兩側有脂肪性分泌物，稱為脂溢性皮膚炎。或有眼睛畏光、眼瞼發癢等症狀。

(3)維生素 B_2 的食物來源

牛乳、乳酪、肉類、內臟類、全穀類、綠色蔬菜及酵母粉。

3. 維生素 B_6

根據國民營養調查，國人普遍對於維生素 B_6 的攝取較低，尤其是七至十二歲兒童之維生素 B_6 平均濃度最低，因此要加強兒童營養中維生素 B_6 的攝取。

(1)維生素 B_6 的功能

①治療孕吐：維生素 B_6 可以用來治療嚴重孕吐。

②幫助胺基酸及蛋白質代謝：體內蛋白質和胺基酸的代謝及合成需靠維生素 B_6 為輔酶來作用。

③形成血色素：血紅素中紫質的形成，需靠維生素 B_6 的輔助。

(2)維生素 B_6 的缺乏

維生素 B_6 缺乏所引起的症狀有皮脂漏疹、小球型貧血。除此之外，維生素 B_6 對神經系統有其特殊的功能，嬰兒缺乏時會出現抽搐現象。維生素 B_6 的缺乏較常發生在長期服用治療結核病之藥物及口服避孕藥物的人。

(3)維生素 B_6 的食物來源

肉類、肝臟、豆莢類、全穀類、深色葉菜類。

4. 維生素 B_{12}

(1)維生素 B_{12} 的功能

維生素 B_{12} 主要可以維持核酸和紅血球正常之代謝與合成，以及腦神經細胞髓鞘之形成，所以可用來治療惡性貧血及惡性貧血神經系統的病症。

(2)維生素 B_{12} 缺乏

維生素 B_{12} 缺乏，核酸合成會受阻，影響紅血球成熟，而導致巨球性貧血（又稱惡性貧血），患者會有蒼白、無力、易疲勞、心悸和呼吸短促等現象。大約有七成到九成的維生素 B_{12} 缺乏的臨床症狀會出現神經性併發症，並會有舌炎、神經炎等症狀。

(3)維生素 B_{12} 的食物來源

維生素 B_{12} 豐富的食物，都來自動物性的食物，如：肉類、魚類、家禽類、海產類、牛乳、乳酪、蛋。植物性的食物則不含維生素 B_{12}，所以吃全素的人容易有維生素 B_{12} 缺乏之現象，需要額外補充維生素 B_{12} 或採用奶蛋素。

5. 菸鹼素

(1)菸鹼素的功能

菸鹼素是構成體內氧化還原代謝反應中所需的輔酶，與能量的代謝有關。故其需要量亦隨熱量的多寡而增減，其功能敘述如下：

①幫助醣類代謝。

②使皮膚健康，也有益於神經系統的健康。

(2)菸鹼素缺乏

菸鹼素缺乏症稱為癩皮病，主要為皮膚症狀，剛開始時有類似曬傷般的狀態，而且只發生在日曬的部分，然後逐漸變成褐色，還會脫皮，造成全身有暗褐色的色素沉澱。其他症狀還有舌炎、噁心、衰弱、嚴重腹瀉、神志不清，嚴重者甚至導致死亡。

(3)菸鹼素的食物來源

蛋、肉類、肝臟、全穀類、核果類、綠葉蔬菜。牛乳中含豐富的色胺酸，而色胺酸可在體內轉變成菸鹼素，所以牛乳亦為很好的來源。

6. 葉酸

(1)葉酸的功能

葉酸參與細胞增生、生殖、血紅素合成等作用，對血球的分化成熟、胎兒的血球增生與神經管發育有重大的影響。

(2)葉酸缺乏

飲食攝取不足或是消化吸收效率降低都會導致葉酸的缺乏，例如西式飲食欠缺蔬菜，年齡增長使得吸收率降低等，都是導致缺乏的原因。另外，慢性酗酒、避孕藥、抗痙攣等藥物會干擾葉酸之吸收與利用。由於葉酸參與 DNA 合成和胺基酸代謝的反應，與細胞分裂有關，所以葉酸缺乏會影響紅血球的形成，使紅血球的數目減少、體積變大，造成巨球性貧血。孕婦葉酸不足會增加胎兒神經管缺陷的危險，胎兒的神經管會在懷孕的第二十八天左右發育完成，所以只要開始準備懷孕的婦女，就會建議開始額外補充葉酸，補充劑量為每天 400～800 微克。

(3)葉酸的食物來源

含豐富葉酸的食物有新鮮的綠色蔬菜、肝、腎、瘦肉等。

7. 維生素 C

(1)維生素 C 的功能

①促進膠原蛋白的合成。

②加速傷口之癒合：維生素 C 能促進膠原的形成，膠原填充至細胞間，使細胞與細胞間排列整齊並更緊密，且能形成疤痕使傷口癒合。

③良好的抗氧化劑：維生素 C 可保護其他水溶性維生素不被氧化，故可作為抗氧化劑。

④幫助鐵的吸收：維生素 C 還可將三價鐵還原為較易吸收形式的二價鐵，加速鐵透過小腸黏膜而被吸收。

(2)維生素 C 缺乏

當維生素 C 缺乏時，會出現微血管出血，皮下有瘀青或出血點等的症狀，此外還會伴隨貧血、嬰幼兒生長遲緩、傷口癒合不良、疾病抵抗力差、易感染等臨床症狀。嚴重者則可能出現壞血症，其症狀有牙齦出血、關節疼痛及全身皮下有瘀斑或出血點。

(3)維生素 C 的食物來源

　　台灣的蔬菜及水果產量豐富，很少有維生素 C 之缺乏。含豐富維生素 C 的食物有枸櫞酸類水果如橘子、柳丁、檸檬，及綠色蔬菜如芥菜、青椒等。

◆ 生吃雞蛋是否健康？

　　有些照顧者會給幼兒吃生蛋（沒煮的蛋）或半熟蛋，他們認為這樣雞蛋裡面的營養素比較不會因熱受到破壞，但是吞食生蛋卻會影響生物素的吸收。生物素是一種體內必需的營養素，因為廣泛存在於食物中，因此很少有缺乏症的發生，但是生蛋白中，有一種叫卵白素的物質，它會與生物素結合，影響吸收，造成生物素缺乏症，因此吃蛋時，一定要將蛋白煮熟。而生蛋黃就沒有這方面的問題，因此半熟蛋只要確定蛋白有煮熟即可。

二、維生素的功能

　　每種維生素的功能皆不相同，茲將其功能與食物來源依照維生素種類整理於表 1-12。

 表1-12 維生素的種類、功能與食物來源

一、脂溶性維生素

種類	功能	食物來源
維生素 A	●維持在黑暗光線下的正常視力。 ●保護表皮、黏膜使細菌不易侵害。 ●促進牙齒和骨骼的正常生長。	肝、蛋黃、牛乳、牛油、人造奶油、黃綠色蔬菜及水果（如青江菜、胡蘿蔔、菠菜、番茄、黃紅心蕃薯、木瓜、芒果等）、魚肝油。
維生素 D	●協助鈣、磷的吸收與運用。 ●幫助骨骼和牙齒的正常發育。	魚肝油、蛋黃、牛油、魚類、肝、添加維生素 D 之鮮乳等。
維生素 E	●維持動物生殖機能。 ●抗氧化。	全穀類、米糠油、小麥胚芽油、棉籽油、綠葉蔬菜、蛋黃、堅果類。

（續）

種類	功能	食物來源
維生素 K	• 促進血液在傷口凝固，以免流血不止。	• 綠葉蔬菜如菠菜與萵苣是維生素 K 最好的來源，蛋黃、肝臟亦含有少量。 • 腸道細菌合成。

二、水溶性維生素

種類	功能	食物來源
維生素 B_1	• 增加食慾。 • 促進胃腸蠕動及消化液的分泌。 • 預防及治療腳氣病與神經炎。 • 促進動物生長。 • 能量代謝的重要輔酶。	胚芽米、麥芽、米糠、肝、瘦肉、酵母、豆類、蛋黃、魚卵、蔬菜等。
維生素 B_2	• 預防口角炎、舌炎。 • 防治眼血管充血。 • 安定神經。 • 幫助能量的代謝。	酵母、內臟類、牛乳、蛋類、花生、豆類、綠葉蔬菜、瘦肉等。
維生素 B_6	• 治療孕吐。 • 幫助胺基酸及蛋白質代謝。 • 形成血色素。	肉類、魚類、蔬菜類、酵母、麥芽、肝、腎、糙米、蛋、牛乳、豆類、花生等。
維生素 B_{12}	• 促進核酸之合成。 • 對醣類和脂肪代謝有重要功用。 • 治療惡性貧血及惡性貧血神經系統的病症。	肝、腎、瘦肉、牛乳、乳酪、蛋等。
菸鹼素	• 幫助醣類代謝。 • 使皮膚健康，也有益於神經系統的健康。	肝、酵母、糙米、全穀製品、瘦肉、蛋、魚類、乾豆類、綠葉蔬菜、牛乳等。
葉酸	• 幫助血球的分化成熟。 • 促成核酸及核蛋白合成。 • 胎兒神經管發育。	新鮮的綠色蔬菜、肝、腎、瘦肉等。
維生素 C	• 促進膠原蛋白的合成。 • 加速傷口之癒合。 • 增加對傳染病的抵抗力。 • 良好的抗氧化劑。	深綠及黃紅色蔬菜、水果（如青椒、番石榴、柑橘類、番茄、檸檬等）。

參考資料：行政院衛生署食品藥物管理局（2011e）。

伍、礦物質

　　人體內所需要的礦物質有二十餘種，其中鈣、磷、鈉、鉀、鎂、硫、氯等在人體中含量多需要量也大，稱巨量元素；另外，存在體內的量小，需要量也較小，稱微量元素，有鐵、銅、碘、錳、鋅、鈷、鉬、氟、鋁、鉻、硒等。各種礦物質在身體中都有其必要的功能（表 1-13），缺一不可，但由於所需要的量並不高（請參考表 1-22），且廣泛存在於食物中，較不會缺乏。根據調查結果顯示，只有鈣、鐵及鋅是國人較易缺乏之礦物質，其他微量礦物質因為需要量少，且廣泛存在於食物中，相對也就比較不易有缺乏現象，因此在此僅討論國人常缺乏的礦物質。

一、鈣

　　飲食中所吸收的鈣質是否有機會存到骨骼中，其中一個重要因子是要加上「負重或抗阻力」運動（游泳不屬於負重運動）來刺激甲狀腺分泌降鈣素，降鈣素可加強造骨細胞之活性，才能將血鈣有效的存到骨骼中。因此，長期臥床的病人，即使攝取易吸收之高鈣，骨質還是會流失得很厲害，而這種現象也會發生在長時間生活在無重力狀態的太空人身上。另外，我們每天睡到天亮快起床時，破骨細胞的活性會大過造骨細胞而產生骨質流失，而經過一天的負重運動後（如走路、跑步等抗地心引力運動），在傍晚常有較明顯的骨質存入現象。鈣質在酸性的環境下最容易為人體所吸收，而足夠的胃液、充足的維生素 D、適量的蛋白質及乳糖等，都可以幫助鈣質吸收；相反地，食物中一些成分會阻礙鈣質的吸收，例如：菠菜、甜菜中的草酸，以及穀類、堅果類中的植酸，分別會與鈣質結合成為不能溶解的草酸鈣和植酸鈣，令鈣質難以被吸收。此外，大量的膳食纖維也會減低鈣質的吸收；飲食中過多的蛋白質、鹽、咖啡及酒精會促使鈣質從尿液中排出，同樣不利於身體對鈣質的利用。

表1-13　礦物質功能與食物來源

種類	功能	食物來源
鈣	● 構成骨骼和牙齒的主要成分。 ● 調節心跳及肌肉的收縮。 ● 使血液有凝結力。	奶類、小魚類（連骨進食）、蛋類、豆類製品及乳製品。
鐵	● 組成血紅素的主要元素。 ● 是體內部分酵素的組成元素。	肝及內臟類、蛋黃、貝類、紅色肉類、全穀類、葡萄乾、綠葉蔬菜等。
鉀、鈉、氯	● 為細胞內、外液之重要陰、陽離子，可維持體內水分與滲透壓之平衡。 ● 保持酸鹼值不變，使動物體內之血液及體液具有緩衝液效果。 ● 調節神經與肌肉的刺激感受性。 ● 鉀、鈉、氯三元素缺乏任何一種時，皆會使人生長停滯。	● 鉀：瘦肉、內臟、五穀類、菜汁、果汁、低鈉鹽。 ● 鈉：鹽巴、醬油、含鹽加工食品。 ● 氯：鹽巴、醬油、含鹽分多的加工品。
氟	構成骨骼和牙齒之一種重要成分。	海產類、骨質食物、菠菜。添加氟的飲水及牙膏。
碘	● 合成甲狀腺素，調節能量之新陳代謝。 ● 促進生長發育。	海產類、海中的植物，如海菜、海帶、海苔等。
鋅	維持免疫功能，促進生長、性器官的發育和組成代謝所需的酵素。	肉類、肝、蛤、蜆、蝦、南瓜子、栗子、蛋、乳品、芝麻。

資料來源：參考自行政院衛生署食品藥物管理局（2011e）。

（一）鈣的功能

1. 構成骨骼和牙齒的主要成分：骨骼生長需要有鈣與磷的結晶沉積，才能使骨骼有彈性，堅固有支撐性，另外，鈣也是牙齒的成分。

2. 調節心跳及肌肉的收縮：末梢神經的感應及肌肉收縮與血中鈣的濃度有關，當鈣的濃度太低時，肌肉易痙攣，心臟跳動較快；血鈣濃度太高時，心臟收縮延長，心搏減慢。

3. 使血液有凝結力：在血液凝固中，除了需要維生素 K 外，還需要鈣，才能促使凝血酶元的活化。

4. 正常神經傳導、心跳、肌肉活動：鈣質與維持正常神經傳導、心跳、肌肉活動有關，當鈣質攝取不足或鈣磷比不正確時，會造成不正常的肌肉抽搐與心悸。在嬰兒期時，因為以嬰兒配方奶為主要食物來源，若奶粉鈣磷比不正確，會導致嬰兒痙攣甚至造成嬰兒死亡。

◆ 鈣磷比的重要性

　　台南曾傳出一名早產兒因食用地下配方奶粉，造成肌肉痙攣，險些喪命，經送醫後證實為低血鈣症，而食用的假奶粉經藥檢局檢驗後發現奶粉鈣磷比僅 0.65，未符標準。市面上販售的嬰兒奶粉種類繁多，魚目混珠的現象在所難免，父母親選購時除應注意包裝上的營養成分外，對於鈣、磷比值是否符合 1.5～2.0 的標準值，更應小心謹慎，以免危害寶寶健康。

(二) 鈣質缺乏

　　鈣質的攝取不足或吸收不良，皆會引起鈣的缺乏症，而過多的磷也會使鈣的吸收不良。長期缺乏鈣質在幼兒期會導致軟骨症，成人則會造成骨質疏鬆症。

(三) 鈣的食物來源

　　含鈣豐富的食物有乳品類及乳製品、帶骨的小魚、魚乾、豆製品等，尤其牛乳含鈣豐富，一杯 240c.c.牛乳中的鈣質，即可提供鈣質建議量的一半。

二、鐵

　　國人鐵的攝取狀況有明顯的性別差異，鐵營養不良以女性較男性為嚴重；男性之中，以成長中的青少年和六十五歲以上老年人缺鐵率較高；女性則是在四歲以上各年齡層都有缺鐵問題，其中十三歲以上的女性缺鐵率甚至可達 9%以上。

(一) 鐵的功能

　　鐵在血紅素及肌紅素中負責氧及二氧化碳之輸送，在細胞色素中負責電子傳遞及能量之生成。

(二) 鐵的缺乏

鐵缺乏的原因有膳食鐵攝取量不足、所攝入鐵質的身體利用率太低、鐵需求量增加或大量血液流失。常見容易缺乏鐵質者為出生四個月到三歲的嬰幼兒，因為從母體中所獲得的鐵約只能利用四個月，若沒有適時的添加含鐵副食品，就會很容易產生缺鐵現象，當長期性缺乏鐵時，會影響嬰幼兒智能發展、動作發展以及行為情緒發展上的異常表現。上述情形，若能及時給予補充性治療，這些發展表現都可以被幸運的矯正回來，但倘若任其繼續缺乏，則會造成永久性的損傷。鐵缺乏時會產生缺鐵性貧血，紅血球體積變小，數目減少，所以又被稱作「小球性貧血」，患者會感覺疲倦，缺乏體力，臉色蒼白，抵抗力減弱。

「地中海型貧血」是常見的一種慢性、遺傳性的溶血性貧血症。絕大部分孩童的貧血症發生是漸進的，父母親常常只記得小孩臉色蒼白已久，卻不知道何時開始生病，此疾病的特色是紅血球容易破裂，血球中的血鐵質會釋放出來，身體來不及代謝過多的鐵質，使鐵質沉積於臟器，造成鐵中毒。坊間所謂吃補血的藥物或食物，因其多為含鐵成分較高的食物，對地中海型貧血患者反而使鐵質沉積的傷害加劇。此類患童建議補充葉酸，因為骨髓增殖會消耗葉酸而加重貧血的嚴重度，所以適當補充葉酸才能改善貧血症狀。

(三) 鐵的食物來源

含鐵豐富的食物有肝臟、紅色肉類、魚類、蛋黃及綠葉蔬菜。含維生素C的食物可幫助鐵的吸收。

三、鉀、鈉、氯

(一) 鉀、鈉、氯的功能

鈉、鉀、氯之主要生理功能為調節細胞膜的通透性，維持細胞內外滲透壓平衡及體內水分與酸鹼恆定。

(二) 鉀、鈉、氯的缺乏

1. 鉀：攝取不足再加上長時間腹瀉、流汗太多、酗酒或是神經性厭食症會造成鉀缺乏。鉀缺乏會導致噁心、嘔吐、精神不振、肌肉衰竭以及心律

不整等症狀，稱為低鉀血症。鉀攝取過量若伴隨腎功能不良，可能導致高鉀血症，導致心律不整甚至心跳停止而死亡。

2. 鈉：鈉大量流失，會造成電解質不平衡，導致嘔吐、腹瀉及脫水等症狀，稱為愛迪生氏症候群。因為鈉含在食鹽裡，所以通常沒有攝取不足的問題，目前國人比較需要注意的是攝取過多的鈉量會是導致高血壓的危險因子之一。

3. 氯一般較無缺乏及過量之問題。

(三)鉀、鈉、氯的食物來源

1. 鉀：菜汁、果汁、低鈉鹽（以鉀取代鈉）、瘦肉、內臟、五穀類。
2. 鈉：鹽巴、醬油、含鹽分多的加工性食品。
3. 氯：鹽巴、醬油、含鹽分多的加工性食品。

四、氟

(一)氟的功能

1. 構成骨骼和牙齒之一種重要成分。
2. 抑制齲齒：因為氟會影響牙菌斑的代謝，因而降低牙菌斑產酸，達到預防齲齒的功效。

(二)氟的缺乏

大部分之研究顯示，每公升飲水中加入 0.7～1.2 毫克（0.7～1.2ppm）的氟，齲齒罹患率較水氟含量低之區域低。且在任何年齡層缺乏氟皆會增加齲齒罹患率。

(三)氟的食物來源

目前大多是添加在飲水及牙膏當中，氟的食物來源有海產類、骨質食物及菠菜。

五、碘

(一)碘的功能

1. 合成甲狀腺素，調節能量之新陳代謝。

2. 促進生長發育。

(二) 碘的缺乏

碘在人體的主要功用為合成甲狀腺素，缺碘會導致甲狀腺素分泌不足，所引發的症狀在幼兒稱為「呆小症」，其症狀包括心智障礙、甲狀腺機能不足、甲狀腺腫大、短小性癡呆症，以及程度不等的生長與發育異常。因為胎兒與新生兒時期神經發展最活躍，並且受甲狀腺素控制，所以缺碘對胎兒與新生兒腦部發育的傷害最為嚴重，可導致智商明顯低落，伴有嚴重智障、體型矮小、聾啞症、痙攣等缺陷。成人的碘缺乏會導致甲狀腺腫，成人預防甲狀腺腫之最低碘攝取量是每天 70 毫克。

(三) 碘的食物來源

碘的主要食物來源為海中的植物，如海菜、海帶、紫菜、海苔等。除了天然來源之外，根據行政院衛生署食品藥物管理局（2012）「食品添加物使用範圍及限量暨規格標準」，目前食用鹽巴也會加入碘化鉀或碘酸鉀，以預防碘缺乏。

六、鋅

(一) 鋅的功能

維持免疫功能，促進生長、性器官的發育和組成代謝所需的酵素。

(二) 鋅的缺乏

鋅缺乏的臨床症狀包括生長遲滯、生殖功能發育遲滯、生殖腺機能不足、毛髮禿落、皮膚發炎、免疫力低落、味覺遲鈍、傷口癒合緩慢、食慾不良等等。

(三) 鋅的食物來源

含鋅豐富的食物包括肉類、肝、蛤、蜆、蝦子、南瓜子、栗子、蛋、乳品、芝麻等。

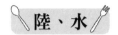 陸、水

　　雖然水不能供給熱量、維生素或礦物質，但是人體中主要成分為水，而且水分子參與很多人體中重要的代謝，因此水為第六大類營養素。

一、水的功能

　　1. 人體的基本組成，為生命之必需。
　　2. 促進食物消化和吸收作用。
　　3. 維持正常循環作用及排泄作用。
　　4. 調節體溫。
　　5. 滋潤各組織的表面，可減少器官間的摩擦。
　　6. 幫助維持體內電解質的平衡。

二、水的建議攝取量

　　身體水含量會隨年齡與身體組成不同而改變，年紀越小、體內肌肉越多的人，身體含水量越高。所以水分佔幼兒體重的 80%，成人則為 60～70%，老年人為 50%，水分含量越高者，越需要補充足量的水分。人體缺水量達體重的 1%就會感到口渴，如果身體流失水分達 20～22%將會有生命危險，因此補充水分是生活中非常重要的事。依照人體一天由尿道、腸胃道、呼吸道與皮膚等所排出的水量，一天需要補充 2,000 毫升，對於水分補充的來源，不僅限於白開水，包含從飲料、湯、食物或者由消化營養素氧化代謝中得到。所以計算所有水分來源，經由食物中所含的水分約可攝入 800～1,000 毫升，經由消化營養素氧化代謝後，所產生的水約為 200～300 毫升，扣除這兩大項來源，平常我們須經由液體（如水、果汁、氣泡飲料、湯）之攝取約為 1,000～1,500 毫升。但若身體因為天氣炎熱或運動而流汗，就更需要增加水分攝取量。

三、水分來源

　　水、果汁、氣泡飲料、湯、所有食物裡面皆含有水，但是水分的補充仍以白開水為主。

第二節　六大類食物

　　人體所需營養素來自於各類食物，而各類食物所提供的營養素不盡相同，二○一一年版的每日飲食指南將食物依照所提供的營養素分成六大類，強調每一大類食物無法相互取代，推廣攝取營養素密度高之原態食物（表1-14），以提高纖維質、微量營養素與有益健康之植化素攝取量，因此將原本分類中之五穀根莖類，修改為全穀根莖類；並強調油脂類應包含一份堅果（核果）與種子類，鼓勵國人攝取堅果以取代精製油類；奶類則改為低脂乳品類，以降低飽和脂肪之攝取。蛋白質來源部分，則鼓勵脂肪含量低的食物，尤其是豆製品、魚類、家禽類，並將順序改為豆魚肉蛋類，表1-15（請見43頁）將二○一一年（圖1-3）與一九九五年（圖1-4）公告的六大類食物與飲食指南差異之處列表比較，供讀者參考。

圖1-3　每日飲食指南扇形圖（二○一一年版本）

資料來源：行政院衛生署食品藥物管理局（2011a）。

奶類一至二杯

水果類兩個

蔬菜類三碟

五穀根莖類三至六碗

蛋豆魚肉類四份

油脂類二至三湯匙

圖1-4　每日飲食指南梅花圖（一九九五年版本）

資料來源：行政院衛生署（1995）。

一、全穀根莖類

　　全穀根莖類主要供給醣類和一些蛋白質，建議攝取量為每天一碗半至四碗。全穀在身體質量、胰島素敏感性、心血管疾病、腸道健康，甚至降低死亡率各方面，均有完整充足的證據支持其對健康有益。因此，新版飲食指南建議國人多攝取全穀取代精製穀類，以促進國人健康。

二、豆魚肉蛋類

　　此類食物含有豐富的蛋白質，建議攝取量為每天三至八份，一九九五年版蛋白質攝取建議順位是蛋豆魚肉，二○一一年版本則改為豆魚肉蛋，鼓勵優先攝取植物性蛋白及脂肪含量低的肉類。但學者也強調，這只是通則，必須視年齡、性別調整，像婦女因經期常有貧血困擾，建議可以多吃一些紅肉，生長發育中的孩子則可多吃一些蛋。

表1-14　每100公克食物所含熱量與營養素的含量比較表

食物	熱量（卡路里）	蛋白質	脂肪	鈣質	鐵質	維生素A	維生素B群	維生素C
全穀根莖類	◎◎◎◎	◎	○	○	○	＊	○	◎
汽水、可樂	◎◎	＊	＊	＊	○	＊	＊	＊
後腿瘦肉	◎◎◎	◎◎◎◎	◎◎◎	○	○	○	◎◎◎	○
魚	◎◎◎	◎◎◎◎	◎◎◎	◎	○	○	◎◎	＊
蛋	◎◎	◎	◎◎◎	◎	○	◎◎	○	＊
全脂奶	◎◎	◎◎◎	◎◎◎	◎◎◎	◎◎	◎	◎	＊
豬肝	◎◎◎	◎◎◎	◎	◎◎◎◎	◎◎◎	◎◎◎	◎◎	◎◎◎◎
豆腐	◎◎	◎	◎	◎◎◎	◎◎	○	○	○
深綠色、深黃紅色蔬菜	○	○	○	◎◎	◎	◎◎◎	○	◎◎
淺綠色蔬菜	○	○	○	◎◎	○	◎◎	○	◎
深黃色水果，例如：木瓜、芒果	◎	○	○	○	○	◎◎	○	◎◎
枸橼類水果，例如：橘子、柳丁	◎	○	○	○	○	◎	○	◎◎◎◎
蘋果	◎	○	○	○	○	○	○	◎

圖例：非常豐富◎◎◎◎、豐富◎◎◎、中等◎◎、少量◎、微量○、沒有＊
營養密度高的食物：指熱量低營養素含量高的食物

資料來源：行政院衛生署（無日期）。

三、蔬菜類

新鮮蔬果為維生素、礦物質的主要來源，卻僅有 20.7% 的國人每天蔬果量達到建議量，所以建議蔬菜攝取每天宜有三至五碟，其中深綠色與深黃紅色的蔬菜，例如綠花椰菜、甘藍菜、胡蘿蔔、南瓜等所含的維生素及礦物質比淺色蔬菜多，所以建議至少 1/3 以上為深色蔬菜。

四、水果類

水果類可以提供維生素、礦物質與纖維，每天應攝取二至四份，並以當季、新鮮且多樣化水果為主要選擇。

五、低脂乳品類

每天要喝一杯半至兩杯低脂乳品類、發酵乳或等量份數的乳製品等（如乳酪），用以攝取足夠的鈣質及蛋白質。根據「國民營養健康狀況變遷調查1993-1996台灣地區四至十二歲兒童之飲食習慣與型態」（林佳蓉等，1999），發現四至十二歲兒童選用乳品類的比例隨年齡增加而下降，鈣的攝取量相對也越少，尤其四至六歲幼兒攝取鈣量均未達到每日建議攝取量。因此托兒所或幼稚園餐點應注意高鈣食物的選擇，如每日供應一杯牛乳。

六、油脂與堅果（核果）種子類

油脂攝取量使用單位從過去 15 公克的湯匙，改為 5 公克的茶匙，每天建議攝取量為三至七茶匙，份量足足較舊版每日飲食指南少了 2/3。此外，二〇一一年版建議攝取植物油，每天還要吃一份花生、芝麻等堅果種子類。

第三節　每日飲食指南

每個先進國家會對其國民飲食調查結果提出政策性改良與建議，並建立國人每日飲食指南（又稱成人均衡飲食建議量）以供民眾參考。我國現有的

每日飲食指南（圖1-3）於二〇一一年由專家研討後定版，此次衛生署將六大類食物做成扇形圖主要的涵義為：「國人飲食以全穀根莖類為主軸，再輔以其他五大類食物，多喝白開水，配合每日適度的運動，就可以達到均衡的營養並邁向健康的康莊大道」，以下章節就目前行政院衛生署公布的二〇一一年版每日飲食指南（行政院衛生署食品藥物管理局，2011a）詳做介紹。

一、每日飲食指南扇形圖

　　二〇一一年版的每日飲食指南代表圖案是由六大類食物構成的扇形圖，圖案的涵義是將六大類食物分成六個扇面，每一個扇面所占的面積比代表該類食物占每日熱量來源的比例，扇面越大代表該類食物每日攝取百分比越高，例如全穀根莖類應占每日熱量來源最大宗，油脂與堅果種子類則最少。另外，每一大類食物無法相互取代，建議民眾參考每日飲食指南建議，依照個人活動量與需求量，從六大類基本食物中選擇營養密度高的食物（表1-14），多樣性的吃足建議的份量（圖1-3，表1-19），配合多喝白開水與多運動，獲得均衡的營養與健康。

二、二〇一一年版、一九九五年版每日飲食指南比較

　　茲將新、舊版比較列於表1-15。

三、二〇一一年版每日飲食指南使用方法

　　二〇一一年版每日飲食指南強調個人化與客製化，除了飲食指南扇形圖（圖1-3）提供大略性的參考，此版更提供詳細的使用步驟，讓民眾依照個人年齡、健康體重及活動強度，找出合適的熱量需求，再依照熱量需求查出自己六大類食物建議份數，並且在各類食物中多樣化的選擇，以獲得均衡的營養。飲食指南使用方法詳述如下。

(一) 利用身高體重對照表，找出自己的健康體重

　　利用身體質量指數（Body Mass Index, BMI），了解自己體重是否落於正常體重的範圍。身體質量指數公式為：體重（公斤）÷身高（公尺）÷身高

表1-15 新、舊版每日飲食指南比較

舊版 （一九九五年）	新版 （二〇一一年）	說明
五穀根莖類	全穀根莖類	新版建議減少攝取量，三餐中有一餐改吃全穀、雜糧或全麥麵包，或者用全穀、雜糧取代三分之一的精製白米或麵粉。
蛋豆魚肉類	豆魚肉蛋類	新版建議增加攝取量，改變選擇順序，鼓勵優先攝取富含植物性蛋白質的豆製品，及脂肪含量低的肉類，例如魚類與家禽。
奶類	低脂乳品類	新版建議攝取乳脂肪含量低於15%的低脂或是脫脂奶，用以降低飽和脂肪的攝取量。
油脂類	油脂及堅果種子類	新版建議減少攝取量，並選擇椰子油外的植物油，而且每天應包括一份（約一茶匙）堅果類油脂，例如芝麻、花生、葵花子等。
蔬菜、水果類	蔬菜、水果類	強調應多樣化食用足量的當令蔬果。
其他		1. 強調熱量需求與食物攝取份數因個人活動量與體型不同而異。 2. 鼓勵多喝白開水。 3. 強調每日運動的重要性。

資料來源：台灣營養學會（無日期）。

（公尺），所得指數介於 18.5～24 之間為正常體重範圍。另外，根據研究結果顯示，身體質量指數為 22 時具有最低的死亡風險，因此衛生署將身體質量指數為 22 時的體重定義為「健康體重」；例如王小姐身高 160 公分，體重 53 公斤，她的身體質量指數為 53（公斤）÷1.6（公尺）÷1.6（公尺）＝20.7，王小姐屬於正常體重，而王小姐的健康體重為 22（BMI）×1.6（公尺）×1.6（公尺）＝ 56.3 公斤。本版每日飲食指南中並提供了身高體重對照表，減低民眾計算身體質量指數的不便，民眾可以直接利用自己的身高找出對應身體質量指數 18.5～24 之間的正常體重，與身體質量指數 22 的健康體重，例如：王小姐身高 160 公分，利用身高體重對照表，可以直接查出她的

正常體重範圍為 47.4～61.3 公斤，而健康體重為 56.3 公斤。

 表1-16　身高體重對照表

身高 公分	健康體重 公斤	正常體重範圍（公斤） 18.5≦BMI＜24	身高 公分	健康體重 公斤	正常體重範圍（公斤） 18.5≦BMI＜24
145	46.3	38.9-50.4	168	62.1	52.2-67.6
146	46.9	39.4-51.1	169	62.8	52.8-68.4
147	47.5	40.4-51.8	170	63.6	53.5-69.3
148	48.2	40.5-52.5	171	64.3	54.1-70.1
149	48.8	41.1-53.2	172	65.1	54.7-70.9
150	49.5	41.6-53.9	173	65.8	55.4-71.7
151	50.2	42.2-54.6	174	66.6	56.0-72.6
152	50.8	42.7-55.3	175	67.4	56.7-73.4
153	51.5	43.3-56.1	176	68.1	57.3-74.2
154	52.2	43.9-56.8	177	68.9	58.0-75.1
155	52.9	44.4-57.6	178	69.7	58.6-75.9
156	53.5	45.0-58.3	179	70.5	59.3-76.8
157	54.2	45.6-59.1	180	71.3	59.9-77.7
158	54.9	46.2-59.8	181	72.1	60.6-78.5
159	55.6	46.8-60.6	182	72.9	61.3-79.4
160	56.3	47.4-61.3	183	73.7	62.0-80.3
161	57.0	48.0-62.1	184	74.5	62.6-81.2
162	57.7	48.6-62.9	185	75.3	63.3-82.0
163	58.5	49.2-63.7	186	76.1	64.0-82.9
164	59.2	49.8-64.5	187	76.9	64.7-83.8
165	59.9	50.4-65.2	188	77.8	65.4-84.7
166	60.6	51.0-66.0	189	78.6	66.1-85.6
167	61.4	51.6-66.8	190	79.4	66.8-86.5

資料來源：行政院衛生署食品藥物管理局（2011a）。

（二）看看自己每天生活的活動強度

想想自己的生活型態，對照生活活動強度表（表 1-17）找出生活活動強度，例如王小姐為幼稚園老師，在園所裡大部分時間都在教室跟孩子互動教學，上午約有一小時陪伴幼童從事律動，中午則午休一小時，其餘時間因為工作忙碌，王小姐常常得忙進忙出，同時兼顧工作與家務打掃。仔細分析王小姐一天的生活，大概可以知道王小姐每天站立時間為八小時，步行約六小時，快走約一小時，然後睡眠與安靜時間約為九小時，依照生活活動強度表可以得知，王小姐生活活動強度屬於適度。

表1-17　生活活動強度表

生活活動強度							
低		稍低		適度		高	
生活動作	時間（小時）	生活動作	時間（小時）	生活動作	時間（小時）	生活動作	時間（小時）
安靜	12	安靜	10	安靜	9	安靜	9
站立	11	站立	9	站立	8	站立	8
步行	1	步行	5	步行	6	步行	5
快走	0	快走	0	快走	1	快走	1
肌肉運動	0	肌肉運動	0	肌肉運動	0	肌肉運動	1

低	靜態活動，睡覺、靜臥或悠閒的坐著，例如：坐著看書、看電視等
稍低	站立活動，身體活動程度較低、熱量較少，例如：站著說話、烹飪、開車、打電腦
適度	身體活動程度為正常速度、熱量消耗較少，例如：在公車或捷運上站著、用洗衣機洗衣服、用吸塵器打掃、散步、購物等
高	身體活動程度較正常速度快或激烈、熱量消耗較多，例如：上下樓梯、打球、騎腳踏車、有氧運動、游泳、登山、打網球、運動訓練等

資料來源：行政院衛生署食品藥物管理局（2011a）。

(三) 查出自己的熱量需求

依照自己年齡與生活活動強度，利用每日熱量需求表（表 1-18），找出適合自己的熱量需求，例如王小姐今年三十三歲，生活活動強度適度，對照每日熱量需求表（表 1-18）可知，王小姐每日熱量需求約為 1900 大卡。

表1-18　每日熱量需求表

性別	年齡	★熱量需求（大卡）				★身高（公分）	★體重（公斤）
		生活活動強度					
		低	稍低	適度	高		
男	19-30	1850	2150	2400	2700	171	64
	31-50	1800	2100	2400	2650	170	64
	51-70	1700	1950	2250	2500	165	60
	71+	1650	1900	2150		163	58
女	19-30	1450	1650	1900	2100	159	52
	31-50	1450	1650	1900	2100	157	54
	51-70	1400	1600	1800	2000	153	52
	71+	1300	1500	1700		150	50

備註：★以 2005 至 2008 年國民營養健康狀況變遷調查之體位資料，利用身高平均值算出身體質量指數（BMI）＝ 22 時的體重，再依照不同活動強度計算熱量需求。

資料來源：行政院衛生署食品藥物管理局（2011a）。

(四) 依熱量需求，查出自己六大類飲食建議份數

得知自己每日熱量需求後，可以利用表 1-19 查出六大類食物的建議份數，例如王小姐每日熱量需求約為 1900 大卡，她可以由表 1-19 了解自己的食物種類份數，選擇介於 1800～2000 大卡。

表1-19 依熱量需求的六大類飲食建議份數表

	1200大卡	1500大卡	1800大卡	2000大卡	2200大卡	2500大卡	2700大卡
全穀根莖類（碗）	1.5	2.5	3	3	3.5	4	4
全穀根莖類（未精製）（碗）	1	1	1	1	1.5	1.5	1.5
全穀根莖類（其他）（碗）	0.5	1.5	2	2	2	2.5	2.5
豆魚肉蛋類（份）	3	4	5	6	6	7	8
低脂乳品類（杯）	1.5	1.5	1.5	1.5	1.5	1.5	2
蔬菜類（碟）	3	3	3	4	4	5	5
水果類（份）	2	2	2	3	3.5	4	4
油脂與堅果種子類（份）	4	4	5	6	6	7	8

資料來源：行政院衛生署食品藥物管理局（2011a）。

第四節 國民飲食指標

　　行政院衛生署食品藥物管理局參考先進國家之飲食指標建議，並依據我國二〇〇五至二〇〇八年國民營養健康狀況變遷調查結果，檢討修正「國民飲食指標」（行政院衛生署食品藥物管理局，2011c），將國人應注意的營養原則整理成十二項國民飲食指標，以提供國人遵守，養成良好飲食習慣，降低慢性病的發生風險，提高國民健康與生活品質。

一、飲食指南做依據，均衡飲食六類足

　　二〇〇五至二〇〇八年全國營養調查結果顯示，國人之蔬菜、水果與乳品類攝取不足之情況相當普遍，因此飲食應依「每日飲食指南」之食物分類

與建議份量，適當選擇搭配選食，特別注意吃到足夠的蔬菜、水果、乳品類、全穀、豆類、堅果（核果）種子類及低脂乳製品。

二、健康體重要確保，熱量攝取應控管

熱量攝取多於熱量消耗，會使體內囤積過多脂肪，使慢性疾病風險激增。認識自身之熱量需求，適當飲食，以維持體重在正常範圍內（身體質量指數18.5～23.9）。健康體重目標值＝[身高（公分）/100]×[身高（公分）/100]×22。

三、維持健康多活動，每日至少三十分

日常生活充分之體能活動為保持健康所不可或缺，每日從事動態活動至少三十分鐘，並可藉此得到足夠之熱量消耗，達成熱量平衡及良好之體重管理。與單純減少熱量攝取相較，藉由體能活動增加熱量消耗是更健康的體重管理方法。因為總熱量攝取過低時，維生素與礦物質的攝取量非常不容易達到營養需求。

四、母乳營養價值高，哺餵至少六個月

母乳是最適合人類嬰兒的食物，嬰兒應以母乳哺餵至少六個月，並適時給予副食品，且母乳哺餵可降低嬰兒日後罹患過敏性疾病、肥胖以及癌症等慢性疾病之風險，亦可降低母親罹患乳癌之風險。

五、全穀根莖當主食，營養升級質更優

三餐應以全穀為主食，或至少 1/3 以上為未精製全穀根莖類如糙米、全麥、全蕎麥或雜糧等。全穀類食物，除為豐富的維生素、礦物質及膳食纖維來源，更提供各式各樣之植化素成分，對人體健康具有保護作用。

六、太鹹不吃少醃漬，低脂少炸少沾醬

飲食重口味、過鹹、過度使用醬料及其他含鈉調味料、鹽漬食物，均易使鈉攝取量太高，不但是高血壓之風險因子，也容易造成鈣質流失。每日鈉

攝取量應限制在 2,400 毫克（6 公克鹽）以下。油炸、甜食、糕餅、含糖飲料與其他高脂、高糖的食物，屬於高熱量低營養密度食物，相同份量就會攝入過多熱量，應盡量少吃。食物烹調應多採取蒸、煮、烤、微波等方法，減少烹調過程外加油脂。

七、含糖飲料應避免，多喝開水更健康

白開水是人體最經濟健康的水分來源，應養成喝白開水的習慣。市售飲料含糖量高，經常飲用不利於理想體重及血脂肪的控制，尤其現代兒童喜歡用飲料解渴，從飲料中獲得熱量，易吃不下其他有營養的食物，導致營養不良。

八、少葷多素少精緻，新鮮粗食少加工

1. 飲食中以植物性食物為優先選擇，對健康較為有利，且符合節能減碳之環保原則，對延緩全球暖化、預防氣候變遷及維護地球環境永續發展至為重要。選擇未精製植物性食物，以充分攝取微量營養素、膳食纖維與植化素。
2. 選擇原態下營養素密度高的食物：「營養素密度」指食物每單位熱量同時提供其他必需營養素之種類及含量，越多者營養素密度越高（表1-14）。原態下營養密度高的食物，指其所含多種必需營養素乃食材本身原來即帶有，非來自人工添加。每日飲食應多攝取「原態」未精製食物，因為食物之加工精製過程，會將許多對人體有利之微量成分去除，例如精煉後的白糖、白麵粉、澱粉等加工製造之食品，結果往往使熱量提高，營養密度降低。

九、購食點餐不過量，份量適中不浪費

食品或餐飲廠商常以加量不加價做為促銷手段，但個人飲食任意加大份量容易造成熱量攝取過多或是食物廢棄浪費，因此購買與製備餐飲時，應注意份量適中。

十、當季在地好食材，多樣選食保健康

當令食材乃最適天候下所生產，此時病蟲害最少，農民不需要噴灑太多農藥肥料，營養價值高，價格便宜，品質最好，也最適合人們食用。而選擇在地食材不但較新鮮，且減少長途運輸之量消耗，亦符合節能減碳之原則。每種食物之成分均不相同，增加食物多樣性，可增加獲得各種不同種類營養素及食物成分之機會，也減少不利於健康食物成分攝入之機會（註：在地食材資訊可參考農委會網頁 http://www.coa.gov.tw/info_product.php）。

十一、來源標示要注意，衛生安全才能吃

食物製備過程應注意清潔衛生，且加以適當貯存與烹調。避免攝入發霉、腐敗與污染之食物。購買食物時應注意食品標示及食物來源，並注意保存期限及有效日期。

十二、若要飲酒不過量，懷孕絕對不喝酒

每公克酒精提供 7 大卡熱量，長期過量飲酒不但容易攝入過多熱量，也會傷害肝臟。若飲酒，男性每日不應超過兩杯，女性每日不應超過一杯，以每杯酒精含量 10 公克計。但懷孕期間絕對不可飲酒。

第五節　國人膳食營養素參考攝取量

包括熱量、蛋白質、十四項維生素及八項礦物質的國人膳食營養素參考攝取量已定版，係衛生署邀集學者、專家歷經數年之討論，並於二〇一一年七月五日完成修訂。以往訂定營養素建議量時，係以避免因缺乏營養素而產生疾病之方向考量，此次則將預防慢性疾病發生之因素亦列入考量。由於數據之來源及參考的計算方式不同，明確的分為建議攝取量（Recommended Dietary Allowance, RDA）或足夠攝取量（Adequate Intakes, AI）（相關名詞說明請見表 1-20），與一九九三年版不一樣的是，從二〇〇三年後增加上限攝取

量（Tolerable Upper Intake Levels, UL）（表1-21），對於有足夠科學數據支持的營養素訂出上限攝取量，因此原來之「每日營養素建議攝取量」之名稱亦改為「國人膳食營養素參考攝取量」（Dietary Reference Intakes, DRIs）（表1-22）。

　　二〇一一年修正版除以上的改變外，另外調整了嬰兒年齡分層及增列維生素K建議量，增列泛酸、生物素、膽素、鎂、硒等營養素。熱量之建議量十九歲前較前版是提高的，但十九歲後是降低的，故 B_1、B_2、菸鹼素等隨即

 表1-20　各項名詞說明及對照表

國人膳食營養素參考攝取量（DRIs）包含建議攝取量（RDA）、足夠攝取量（AI）、平均需要量（EAR）及上限攝取量（UL）。

中文名稱	英文名稱	說明
建議攝取量	Recommended Dietary Allowance（RDA）	建議攝取量值是可滿足97～98%的健康人群每天所需要的營養素量 RDA ＝ EAR ＋ 2SD
足夠攝取量	Adequate Intakes（AI）	當數據不足無法定出RDA值時，以健康者實際攝取量的數據演算出來之營養素量
平均需要量	Estimated Average Requirement（EAR）	估計平均需要量值為滿足健康人群中半數的人所需要的營養素量
上限攝取量	Tolerable Upper Intake Levels（UL）	對於絕大多數人不會引發危害風險的營養素攝取最高限量 NOAEL 或 LOAEL／不確定分子
國人膳食營養素參考攝取量	Dietary Reference Intakes（DRIs）	包含RDA、AI、EAR及UL

備註：1. NOAEL：無明顯有害效應劑量。
　　　2. LOAEL：觀察到的最低有害劑量。
　　　3. SD：標準差。
資料來源：行政院衛生署（2003b）。

調整。另外，有鑑於鈣質足夠攝取量之提高，而國人鈣質原本就攝取不足，成人原來建議攝取量（RDNA）為 600 毫克，此次修訂時以足夠攝取量（AI）來表示，成人每天為 1,000 毫克，而上限攝取量（UL）為 2,500 毫克，即所攝取的鈣質無論由食物或補充劑等獲得，一天的總攝取量以不超過 2,500 毫克為宜。另外國內資料較缺者，例如：鋅，即參考美國兒童鋅建議攝取量（每日 3～8 毫克），將我國一至十二歲兒童鋅的每日建議量下修。上限攝取量可作為民眾攝食補充劑的參考，第七版有修訂的部分包括：(1)將十二歲以前鐵與鋅的上限攝取量提高；(2)將嬰兒時期硒的上限攝取量下修，十三至十五歲時跟著建議體重改變而提高至 400 微克。

國人膳食營養素參考攝取量可作為菜單設計之參考，另在營養調查時，可用以作為評估營養素攝取是否足夠之依據。其中上限攝取量可作為民眾攝食補充劑的參考，以調整國人認為營養素攝取越多越好的錯誤觀念。相關資料請上行政院衛生署食品藥物管理局食品藥物消費者知識服務網查詢（http://consumer.fda.gov.tw/）。

第六節　結論

本章主要建立讀者基礎的營養知識，與如何將營養知識落實在生活當中，並釐清不正確的觀念及回答在嬰幼兒營養膳食中常被問到的問題。嬰幼兒的主要照顧者或相關從業人員學習完這些知識，將更能熟悉此領域並應用在生活及職場當中。

表1-21　國人膳食營養素上限攝取量（Tolerable Upper Intake Levels, UL，修訂第七版）

營養素 年齡	維生素A 微克 (μg RE)	維生素D 微克 (μg)	維生素E 毫克 (mg α-TE)	維生素C 毫克 (mg)	維生素B₆ 毫克 (mg)	菸鹼素 毫克 (mg NE)	葉酸 微克 (μg)	膽素 毫克 (mg)	鈣 毫克 (mg)	磷 毫克 (mg)	鎂 毫克 (mg)	鐵 毫克 (mg)	鋅 毫克 (mg)	碘 微克 (μg)	硒 微克 (μg)	氟 毫克 (mg)
0-6 月	600	25										30	7		40	0.7
7-12 月	600	25										30	7		60	0.9
1-3 歲	600	50	200	400	30	10	300	1000	2500	3000	145	30	9	200	90	1.3
4-6 歲	900	50	300	650	40	15	400	1000	2500	3000	230	30	11	300	135	2
7-9 歲	900	50	300	650	40	20	500	1000	2500	3000	275	30	15	400	185	3
10-12 歲	1700	50	600	1200	60	25	700	2000	2500	4000	580	40	22	600	280	10
13-15 歲	2800	50	800	1800	60	30	800	2000	2500	4000	700	40	29	800	400	10
16-18 歲	2800	50	800	1800	80	30	900	3000	2500	4000	700	40	35	1000	400	10
19-30 歲	3000	50	1000	2000	80	35	1000	3500	2500	4000	700	40	35	1000	400	10
31-50 歲	3000	50	1000	2000	80	35	1000	3500	2500	4000	700	40	35	1000	400	10
51-70 歲	3000	50	1000	2000	80	35	1000	3500	2500	4000	700	40	35	1000	400	10
71 歲-	3000	50	1000	2000	80	35	1000	3500	2500	3000	700	40	35	1000	400	10
懷孕 第一期	3000	50	1000	2000	80	35	1000	3500	2500	3500	700	40	35	1000	400	10
懷孕 第二期	3000	50	1000	2000	80	35	1000	3500	2500	3500	700	40	35	1000	400	10
懷孕 第三期	3000	50	1000	2000	80	35	1000	3500	2500	3500	700	40	35	1000	400	10
哺乳期	3000	50	1000	2000	80	35	1000	3500	2500	4000	700	40	35	1000	400	10

資料來源：行政院衛生署食品藥物管理局（2011b）。

表1-22 國人膳食營養素參考攝取量（Dietary Reference Intakes, DRIs，修訂第七版）

營養素 單位 年齡[1]	身高 公分 (cm)		體重 公斤 (kg)		熱量[2] 大卡 (kcal)		蛋白質[4] 公克 (g)		維生素A 微克 (μg RE)[6]		維生素D[7] AI 微克 (μg)	維生素E AI 毫克 (mg α-TE)[8]	維生素K AI 微克 (μg)	
	男	女	男	女										
0-6 月	61	60	6	6	100／公斤		2.3／公斤		AI＝400		10	3	2.0	
7-12 月	72	70	9	8	90／公斤		2.1／公斤		AI＝400		10	4	2.5	
1-3 歲[3] （稍低） （適度）	92	91	13	13	男 1150 1350	女 1150 1350	20		400		5	5	30	
4-6 歲 （稍低） （適度）	113	112	20	19	1550 1800	1400 1650	30		400		5	6	55	
7-9 歲 （稍低） （適度）	130	130	28	27	1800 2100	1650 1900	40		400		5	8	55	
10-12 歲 （稍低） （適度）	147	148	38	39	2050 2350	1950 2250	55	50	男 500	女 500	5	10	60	
13-15 歲 （稍低） （適度）	168	158	55	49	2400 2800	2050 2350	70	60	600	500	5	12	75	
16-18 歲 （低） （稍低） （適度） （高）	172	160	62	51	2150 2500 2900 3350	1650 1900 2250 2550	75	55	700	500	5	13	75	
19-30 歲 （低） （稍低） （適度） （高）	171	159	64	52	1850 2150 2400 2700	1450 1650 1900 2100	60	50	600	500	5	12	男 120	女 90
31-50 歲 （低） （稍低） （適度） （高）	170	157	64	54	1800 2100 2400 2650	1450 1650 1900 2100	60	50	600	500	5	12	120	90
51-70 歲 （低） （稍低） （適度） （高）	163	153	60	52	1700 1950 2250 2500	1400 1600 1800 2000	55	50	600	500	10	12	120	90
71 歲- （低） （稍低） （適度）	163	150	58	50	1650 1900 2150	1300 1500 1700	60	50	600	500	10	12	120	90
懷孕 第一期 第二期 第三期					＋0 ＋300 ＋300		＋10 ＋10 ＋10		＋0 ＋0 ＋100		＋5 ＋5 ＋5	＋2 ＋2 ＋2	＋0 ＋0 ＋0	
哺乳期					＋500		＋15		＋400		＋5	＋3	＋0	

資料來源：行政院衛生署食品藥物管理局（2011b）。

* 表中未標明 AI（足夠攝取量，Adequate Intakes）值者，即為 RDA（建議量，Recommended Dietary Allowance）值。

備註：(1)年齡係以歲計算。

　　　(2) 1 大卡（Cal；kcal）＝ 4.184 千焦耳（kj）。

（續）

營養素 單位 年齡	維生素C 毫克 (mg)	維生素B₁ 毫克 (mg)	維生素B₂ 毫克 (mg)	菸鹼素 毫克 (mg NE)[9]	維生素B₆ 毫克 (mg)	維生素B₁₂ 微克 (μg)	葉酸 微克 (μg)	AI 膽素 毫克 (mg)
0-6 月	AI＝40	AI＝0.3	AI＝0.3	AI＝2	AI＝0.1	AI＝0.4	AI＝70	140
7-12 月	AI＝50	AI＝0.3	AI＝0.4	AI＝4	AI＝0.3	AI＝0.6	AI＝85	160
1-3 歲 （稍低） （適度）	40	0.6	0.7	9	0.5	0.9	170	180
4-6 歲 （稍低） （適度）	50	男 0.9　女 0.8	男 1　女 0.9	男 12　女 11	0.6	1.2	200	220
7-9 歲 （稍低） （適度）	60	1.0　0.9	1.2　1.0	14　12	0.8	1.5	250	280
10-12 歲 （稍低） （適度）	80	1.1　1.1	1.3　1.2	15　15	1.3	男 2.0　女 2.2	300	男 350　女 350
13-15 歲 （稍低） （適度）	100	1.3　1.1	1.5　1.3	18　15	男 1.4　女 1.3	2.4	400	460　380
16-18 歲 （低） （稍低） （適度） （高）	100	1.4　1.1	1.6　1.2	18　15	1.5　1.3	2.4	400	500　370
19-30 歲 （低） （稍低） （適度） （高）	100	1.2　0.9	1.3　1.0	16　14	1.5　1.5	2.4	400	450　390
31-50 歲 （低） （稍低） （適度） （高）	100	1.2　0.9	1.3　1.0	16　14	1.5　1.5	2.4	400	450　390
51-70 歲 （低） （稍低） （適度） （高）	100	1.2　0.9	1.3　1.0	16　14	1.6　1.6	2.4	400	450　390
71 歲- （低） （稍低） （適度）	100	1.2　0.9	1.3　1.0	16　14	1.6　1.6	2.4	400	450　390
懷孕 第一期	＋10	＋0	＋0	＋0	＋0.4	＋0.2	＋200	＋20
第二期	＋10	＋0.2	＋0.2	＋2	＋0.4	＋0.2	＋200	＋20
第三期	＋10	＋0.2	＋0.2	＋2	＋0.4	＋0.2	＋200	＋20
哺乳期	＋40	＋0.3	＋0.4	＋4	＋0.4	＋0.4	＋100	＋140

備註：(3)「低、稍低、適度、高」表示生活活動強度之程度。

　　　(4)動物性蛋白在總蛋白質中的比例，一歲以下的嬰兒以佔三分之二以上為宜。

　　　(5)日常國人膳食中之鐵質攝取量，不足以彌補婦女懷孕、分娩失血及泌乳時之損失，建議自懷孕第三期

　　　　　至分娩後兩個月內每日另以鐵鹽供給30毫克之鐵質。

　　　(6) R. E.（Retinol Equivalent）即視網醇當量。

　　　　1μg R.E.=1μg 視網醇（Retinol）＝ 6μg β-胡蘿蔔素（β-Carotene）

（續）

營養素 單位 年齡	生物素 AI 微克(μg)	泛酸 AI 毫克(mg)	鈣 AI 毫克(mg)	磷 AI 毫克(mg)	鎂 毫克(mg)	鐵(5) 毫克(mg)	鋅 AI 毫克(mg)	碘 毫克(μg)	硒 AI 微克(μg)	氟 AI 毫克(mg)
0-6 月	5.0	1.7	300	200	AI＝25	7	5	AI＝110	AI＝15	0.1
7-12 月	6.5	1.8	400	300	AI＝70	10	5	AI＝130	AI＝20	0.4
1-3 歲（稍低）（適度）	9.0	2.0	500	400	80	10	5	65	20	0.7
4-6 歲（稍低）（適度）	12.0	2.5	600	500	120	10	5	90	25	1.0
7-9 歲（稍低）（適度）	16.0	3.0	800	600	170	10	8	100	30	1.5
10-12 歲（稍低）（適度）	20.0	4.0	1000	800	男230 女230	15	10	110	40	2.0
13-15 歲（稍低）（適度）	25.0	4.5	1200	1000	350 320	15	男15 女12	120	50	3.0
16-18 歲（低）（稍低）（適度）（高）	27.0	5.0	1200	1000	390 330	15	15 12	130	55	3.0
19-30 歲（低）（稍低）（適度）（高）	30.0	5.0	1000	800	380 320	男10 女15	15 12	140	55	3.0
31-50 歲（低）（稍低）（適度）（高）	30.0	5.0	1000	800	380 320	10 15	15 12	140	55	3.0
51-70 歲（低）（稍低）（適度）（高）	30.0	5.0	1000	800	360 310	10	15 12	140	55	3.0
71 歲-（低）（稍低）（適度）	30.0	5.0	1000	800	350 300	10	15 12	140	55	3.0
懷孕 第一期	＋0	＋1.0	＋0	＋0	＋35	＋0	＋3	＋60	＋5	＋0
懷孕 第二期	＋0	＋1.0	＋0	＋0	＋35	＋0	＋3	＋60	＋5	＋0
懷孕 第三期	＋0	＋1.0	＋0	＋0	＋35	＋30	＋3	＋60	＋5	＋0
哺乳期	＋5.0	＋2.0	＋0	＋0	＋0	＋30	＋3	＋110	＋15	＋0

備註：(7) 維生素 D 係以維生素 D$_3$（Cholecalciferol）為計量標準。

　　　1μg ＝ 40 I.U.維生素 D$_3$（IU 是國際單位，International Unit）

　　(8) α-T. E.（α-Tocopherol Equivalent）即 α-生育醇當量。

　　　1mg α-T. E.＝ 1mg α-Tocopherol

　　(9) N. E.（Niacin Equivalent）即菸鹼素當量。菸鹼素包括菸鹼酸及菸鹼醯胺，以菸鹼素當量表示之。

第二章

嬰兒期營養

陳碩菲、黃品欣　著

　　嬰兒期的營養是一生健康的基礎，嬰幼兒早期的營養不良會影響日後的發育。嬰兒從出生離開母體後，其生長及發育所需要的營養完全仰賴父母及照顧者的餵養，根據調查發現嬰兒的主要照顧者以母親居多，其次為祖母，但隨著社會變遷，主要照顧者也逐漸改變。在哺餵方式上，有 18%的嬰兒在十二個月內完全以母乳哺餵，另有 12%的嬰兒在十二個月內完全以配方奶粉哺餵（蘇秋帆，2005）。我國嬰兒從出生到六個月時，營養發育跟歐美一樣好，但是由於對嬰兒餵食的忽略，六個月之後嬰兒的發育與發展就漸漸不如歐美，可見營養供應與對照顧者的營養教育，對嬰幼兒的生長發育是相當重要的。

第一節　母乳的哺餵

一、母乳的重要性

　　母乳是嬰兒最好的天然食物，尤其是初乳含有豐富的免疫體、蛋白質、維生素、礦物質等，是最適合新生兒，也是最自然最寶貴的食物。但是根據二〇〇四年國民健康局委託台北護理學院調查的統計資料顯示，持續母乳哺育六個月以上的比例為 19.8%，而能夠完全母乳哺育至六個月的只有約 13.1%，

而有 42.4%的嬰兒出生後從未喝過母乳（羅蕙綺，2005）。母乳是嬰兒期最好的營養來源，美國兒科醫學會建議，「母乳是所有嬰兒（包括早產兒及病兒）最好的食物」。至於母乳需要哺育多久，說法紛歧，依照台灣母乳協會公布，「完全哺餵母乳是最理想的營養，可支持零至六個月嬰兒的成長與發展，一般建議哺育至嬰兒滿十二個月後，才由母嬰共同決定要哺育多久」。而世界衛生組織則建議母乳哺育在嬰兒滿六個月後，添加副食品繼續哺育到兩年。另外，吃母乳的嬰兒在六到十二個月大時，體重增加會比吃配方奶的嬰兒少，這並不是因為營養缺乏，而是嬰兒自我調節能量的攝取，所以在二〇〇九年五月十八日新版兒童生長曲線圖（行政院衛生署國民健康局，2010），就改以母乳哺育並適時的添加副食品、有良好的衛生照護、母親不吸菸、處於良好健康相關因素環境的零至五歲兒童，進行分析其生長發育後，繪製成適用「全球」零至五歲的兒童生長標準曲線圖，此版生長標準曲線圖就會避免哺餵母乳的嬰兒被誤判為發展不良的機會。

二、母乳的特性

(一) 母乳的分期

　　母乳的營養比例適合嬰兒的需要，而且母乳的成分會隨著嬰兒成長之營養需求的改變而改變，最明顯的例子是各種哺乳類剛產下子代的開始前五天，所分泌的乳汁中含有較高濃度的抗體，用來保護消化道以免於感染，這種特殊的乳汁稱為「初乳」。五天後，分泌的乳汁成分開始改變，增加乳糖及脂肪的含量，使嬰兒獲得足夠的熱量，並且讓哺育變得更容易；然後在產後四週之後的乳汁，成分會逐漸穩定下來。並隨著嬰兒成長而不斷做小幅度的修改，而其改變會剛好符合嬰兒對營養的需求，所以鼓勵母乳的哺育最重要的一點，也是因為母乳是最適合自己親生孩子的最佳食品。

1. 初乳

　　母體生產後五天內所分泌之乳汁稱為初乳，初乳顏色較黃、成分濃稠、量少，免疫球蛋白、抗體與乳鐵蛋白含量較高，使純母乳哺育的嬰兒比喝配方奶及混餵的嬰兒較不容易發生腹瀉、肺炎或是其他感染性疾病，而且餵母

乳也可促進母親子宮收縮，早日恢復健康。所以，母乳哺餵應在出生後盡早開始，通常是出生後的頭一小時。在剛開始哺育時，新生兒不太吸吮母親的乳頭，此時母親要有耐性，絕不可放棄。經過幾天後，初乳會逐漸稀薄變成普通的乳汁，較容易哺育。

2. 過渡乳

初乳後五至十天內所分泌的乳汁稱為過渡乳。與初乳比較，所含蛋白質及礦物質較少，但乳糖及脂質量較多，相對地熱量也比初乳高，呈淡黃色。

3. 成熟乳

分娩十天後所分泌的乳汁，即一般所稱的母乳。與初乳比較，因為含較高量的脂肪，所以顏色較白且香濃，脂肪是母乳能量的來源，所以成熟乳含有豐富的熱量。

(二) 母乳的營養特性

母乳與牛乳的營養成分有很大差別，其差別整理於表 2-1，以下並分別說明母乳的營養素：

1. 熱量

母乳中熱量變化很大，主要受脂肪含量不同所影響，越後期分泌的母乳，脂肪含量越高，平均每 100 毫升含 60～100 大卡。

2. 乳糖

母乳比牛乳或羊乳含有更高比例的乳糖，乳糖有利於腸內乳酸菌的生長，促進腸胃蠕動（圖 2-1）。

3. 蛋白質

(1)過高的蛋白質會造成嬰兒身體的負擔，母乳的蛋白質含量僅是一般牛乳的 1/3，含量適當，對腎臟還在成長中的嬰兒來說負擔較少。

(2)母乳中蛋白質雖然不高，但主要是以乳清蛋白為主，最適合嬰兒消化吸收，而配方奶及牛乳中的蛋白質以酪蛋白為主，較不易被消化吸收。生活中最常見的是，哺育配方奶的嬰兒，溢奶呈塊狀且多，而哺育母乳的

表2-1　母乳與牛乳的比較

	母乳	牛乳
蛋白質	• 適量蛋白質，不造成腎臟負擔 • 60%為乳清蛋白	• 為母乳三倍的蛋白質，造成嬰兒腎臟傷害 • 80%為酪蛋白
免疫體	含抗體及免疫球蛋白	無
溶菌酵素	有	無
脂肪	吸收率95%（不飽和脂肪酸）	吸收率65%（飽和脂肪酸）
鐵質	缺乏	缺乏
乳糖	比牛乳高	比母乳低
溫度	不需加熱且溫度適當	溫度不好控制
營養比例	營養比例適當，適合嬰兒	營養比例不適合嬰兒
其他	• 經濟 • 不需要控制濃度 • 衛生 • 親餵母乳可增進母子感情	• 不經濟 • 濃度控制不易，易引起腸胃不適 • 易污染 • 少了情緒的撫慰

資料來源：修改自胡育如等（2005）。

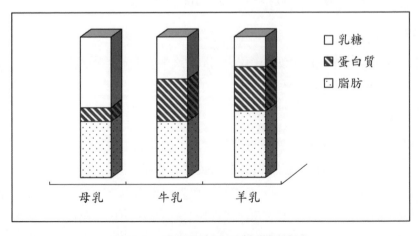

圖2-1　母乳與牛乳及羊乳比較圖

嬰兒，溢奶呈絲狀且稀，這就是不同蛋白質消化之後的不同結果。

4. 脂肪

母乳中脂肪佔 50%，可以提供足夠的熱量、亞麻油酸、DHA 和花生四烯酸等不飽和脂肪酸，足量的 DHA 和花生四烯酸有助於出生後至兩歲期間嬰兒腦部發育與視網膜生長。

5. 抗體

母乳含有抗體及免疫球蛋白，其中以免疫球蛋白A（IgA）含量最豐富，具有預防腸道感染的保護作用。

6. 溶菌酵素

母乳含較高的溶菌酵素蛋白質可抵抗感染。

7. 鐵質

母乳營養價值高，含有豐富的蛋白質、維生素跟鈣質，但是缺乏鐵質，故在嬰兒四個月大時，需再添加鐵質副食品，否則會導致嬰兒貧血。

8. 營養比例

一般牛乳及羊乳成分與母乳差異很大，並不適合用來做人工哺育，人工哺育需要選擇經過比例調整的嬰兒配方奶。

9. 心理發展

抱著嬰兒餵奶，可以增加與嬰兒的身體接觸，促進親子關係，並有安定嬰兒情緒的作用。

10. 其他

健康的母乳無菌、衛生、經濟又方便。

(三) 哺育母乳應注意事項

1. 嬰兒每日所需乳汁量

母乳易消化，因此每二至四小時需哺乳一次。產後兩個月內，應維持一

天八至十二次的哺乳次數，才能使乳汁持續分泌。當嬰兒漸漸長大，乳汁分泌量充足後，可依照嬰兒的需求哺餵，約每三至四小時一次。四個月以內嬰兒乳汁的需要量以每公斤體重為單位，每公斤體重每日餵食 150～200c.c.，如嬰兒體重為 4 公斤，則每天餵食量為 600～800c.c.，若以新生兒每二至三小時餵食一次，每天餵食次數十次，則每次餵食量為 60～80c.c.。之後，隨著嬰兒漸漸長大，體重每增加 1 公斤，則每次餵食的乳汁量應增加 30c.c.，四至六個月大後，每日乳汁飲用量應超過 1,200c.c.。如果以每四小時餵食一次，總餵食量為六次，則平均每次餵食約 200c.c.，但是實際餵食時間、次數跟餵食量仍以嬰兒需求做調整，不要強迫餵食。哺乳後，嬰兒出現哭鬧的情況不代表「他沒吃飽」，此時須考量是否有脹氣、口渴、尿溼，甚至太冷、太熱或者生病等問題。

以每公斤體重 150c.c.為例，四個月大寶寶，體重 6 公斤，一天餵奶六次

（體重×150c.c.）÷餐次＝一餐奶量

（6 公斤×150c.c.）÷ 6 餐＝ 150c.c.／餐

---

2. 直接乳房哺餵

如果母親是直接哺餵，其哺餵時機為只要嬰兒表現出飢餓的徵象，如變得較清醒，或活動性增加、張嘴或尋覓時，就哺餵母乳，哭是飢餓的最後一個表徵。新生兒每二十四小時應哺餵母乳約八至十二次，每一次都吃到飽為止，通常一邊乳房約吃十到十五分鐘。在出生的頭幾週，嬰兒通常都是在睡眠狀態，若是遇到真的很愛睡的嬰兒，則須每四小時左右就叫醒餵食。

3. 判斷母乳哺餵足夠的方法

(1)出生四天後，尿布一天更換達六至八片以上，尿液呈無色或淡黃色。

(2)出生六個月內，每月體重增加 500～800 公克左右。

4. 母乳存放時間

現在母親大多是將母乳擠出，放置冰箱冷凍，並於當天晚上或第二天早上交給照顧人員代為哺育，這種母乳存放時間如下（表 2-2）：

⑴放置冰箱獨立冷凍層儲存，最長儲存 3-4 個月。

⑵放置-20°C 以下獨立冷凍庫儲存，則可儲存六至十二個月，不過仍須盡快使用，以免乳汁腐敗。

⑶放置冰箱冷藏室解凍或以溫水加熱的解凍奶，二十四小時內仍可使用，但是不可再次冰凍。

 表2-2　母乳存放時間

	剛擠出來的奶水	冷藏室內解凍的奶水	冰箱外解凍的奶水
室溫 25°C 以下	6～8 小時	4 小時	當餐使用
冷藏室（0～4°C）	5～8 天	24 小時	4 小時
獨立的冷凍室	3～4 個月	不可再冷凍或冷藏	
-20°C 以下冷凍庫	6～12 個月		

資料來源：修改自施智尹等（2007）。

5. 母乳的解凍方式

⑴冷凍奶水應於前一晚放在冷藏室解凍，經過解凍後的母乳會有上下分層的現象，食用前應輕輕搖勻。

⑵冷藏後只要放在室溫下回溫或放在奶瓶中隔水加熱至 37°C（水位不可超過瓶蓋，水溫不可超過 60°C）即可飲用。

⑶避免使用微波爐或直接在爐上加熱解凍，以免乳汁因加熱不均勻，破壞母乳中的營養成分。

(四) 水分及其他營養補充

　　在頭六個月，哺餵母乳的嬰兒通常不需要開水、果汁及其他食物。六個月以後的嬰兒，在水分攝取方面，每天需水量為 110～115c.c.／公斤，建議於兩次餵奶中間給予溫水補充。在營養補充方面，有一些特殊的嬰兒可能在頭

六個月內就需要維生素 D 和鐵，如母體缺乏維生素 D 或是嬰兒沒有接觸到陽光者需要維生素 D，嬰兒鐵儲存量低或貧血者需要額外補充鐵，但是這些特殊的營養補充，需要在醫生指示下使用，以免發生中毒。

第二節　人工哺育

　　一般如果母乳不足或無法哺餵母乳時，可改以經衛生署核可的嬰兒配方奶哺育，此稱人工哺餵。嬰兒在六個月前，臟器尚未發展完全，無法像成人一般攝取鮮乳，而所謂嬰兒配方奶是營養成分與營養比例類似母乳的奶粉，所以一般鮮乳及奶粉，是不能餵食於十二個月以前的嬰兒。另外，不論母乳或嬰兒配方食品，均能提供六個月大以前的嬰兒足夠且完整的營養，因此六個月大以前的嬰兒如果沒有額外補充副食品或營養補充劑，家長只要留意嬰兒攝取母乳或嬰兒配方食品的量是否足夠，即可避免營養缺乏的發生，但是六個月以後，若沒有適當補充副食品就會有營養缺乏現象，在之後的章節將會詳細說明。

一、人工哺育奶粉種類

　　選擇嬰兒配方食品，價錢貴並不表示其品質佳，最重要是要適合嬰兒，若嬰兒發生腹瀉、便秘或其他過敏現象，就表示此配方奶可能不適合。另外，一般奶粉應該放置在陰暗處，如果已有塊狀、異味或是微鹹味，則應該丟棄，不可以再食用。

　　以下針對市面上常出現的奶粉種類，加以說明區分：

（一）奶粉

　　生乳去除 95～98% 的水分後製成的產品。沖泡奶粉要依照罐上指示添加適當水量，沖泡完後之牛乳營養價值與鮮乳相當。

（二）嬰兒配方奶粉

　　經過調整後的奶粉，其成分與母乳成分雷同，適合嬰兒腸胃與成長發育。

配方奶主要的調整為：

1. 減少蛋白質、礦物質以降低嬰兒肝腎負擔。

2. 增加乳糖，有益嬰兒腸胃道有益菌的生長。

3. 調整鈣磷比為 1.5～2：1，牛乳中鈣磷比偏低，容易造成低血鈣，嚴重時還會造成嬰兒抽搐死亡。

4. 增加維生素。

5. 將動物性脂肪替換成植物性脂肪，並提供足量的必需脂肪酸（如亞麻油酸及次亞麻油酸）。

(三) 止瀉奶粉

不含乳糖的黃豆蛋白配方奶。當嬰兒腹瀉時，腸膜受破壞後，腸道表皮細胞即暫時不能分泌各種消化酵素，腸內缺乏乳糖酵素，無法消化乳糖，如果繼續吃含有乳糖的一般奶粉，很可能會使腹瀉更加嚴重。所以，腹瀉時暫時給予不含乳醣之特殊配方奶粉，當嬰兒恢復後，再慢慢加入原先的奶粉，調至正常。少數嬰兒吃了黃豆蛋白配方奶，腸炎不但在兩三天內沒有改善，反而拉得越來越厲害，有可能是腸炎正達高峰期，嬰兒對植物性蛋白質也產生過敏現象，此時可考慮使用將蛋白質進一步水解過的其他配方奶粉。止瀉奶粉不能長期使用，在腹瀉痊癒後一定要調回原來的奶粉，否則長期使用會導致嬰兒營養失調。

(四) 鮮乳

以生乳為原料，經加熱殺菌包裝後冷藏供飲用之乳汁。鮮乳的蛋白質、礦物質是母乳的三倍，會影響嬰兒的腎功能，所以要在嬰兒滿週歲之後才能添加。

(五) 煉乳

將鮮乳加熱去除 70%的水分後，添加蔗糖、葡萄糖跟香料。其糖分含量高，且營養成分未經調整，不適合用於哺育嬰兒。

(六) 羊奶粉

其蛋白質、礦物質等比例不適合嬰兒，會影響嬰兒的腎功能，所以要在

嬰兒滿週歲之後才能添加。另外，除母乳外，所有動物性奶粉（如羊奶粉）皆不含免疫球蛋白，所以並無法提升嬰兒免疫力。

二、人工哺育量與次數

行政院衛生署對零至十二個月大嬰兒的每日飲食建議，依照月齡不同分成六個階段（林薇等，2003；見表 2-3）：

1. 一個月嬰兒：母乳或配方奶每天七次，每次 90～140c.c.。
2. 二個月嬰兒：母乳或配方奶每天六次，每次 110～160c.c.。
3. 三個月嬰兒：母乳每天六次，配方奶每天五次，每次 110～160c.c.。
4. 四至六個月嬰兒：母乳或配方奶每天五次，每次 170～200c.c.，果汁一至二茶匙，青菜湯一至二茶匙，麥糊或米糊 3/4～1 碗。
5. 七至九個月嬰兒：母乳與配方奶皆每天四次，每次 200～250c.c.，果汁或果泥一至二茶匙，青菜湯或青菜泥一至二湯匙，加入全穀根莖類如稀飯、麵條、麵線等 1.25～2 碗，或米糊、麥糊 2.5～4 碗，及蛋豆魚肉肝類食物，如蛋黃泥二至三個，或魚、肉、肝泥等 1～1.5 兩。
6. 十至十二個月嬰兒：母乳建議每天一至三次，配方奶每天二至三次，一次皆 200～250c.c.，副食品份量較前一階段增加，如稀飯、麵條、麵線二至三碗，並可以食用乾飯，蛋豆魚肉肝類份量也增加為魚、肉、肝泥等 1～2 兩，並視情況開始食用全蛋。

三、人工哺育注意事項

1. 沖泡奶水需用幾匙奶粉，每種品牌皆不相同，泡製前需詳讀說明。
2. 餵食嬰兒時，需將嬰兒以 45 度角搖籃式方法抱起來，將嬰兒頭抬高，以手肘支撐嬰兒頭頸，以手掌扶住嬰兒臀部與大腿，不可讓嬰兒躺著喝，易造成嗆奶。
3. 不要勉強餵食，因為只有嬰兒本身才知道吃飽了沒。
4. 四小時餵食一次，每次約十五至二十分鐘，實際情況仍以嬰兒需要做彈性調整。
5. 將嬰兒飲用剩餘奶水倒掉，不要留到下次使用，以免奶水污染。

表2-3　嬰兒每日飲食建議表（一至十二個月）

項目＼年齡(月)	1	2	3	4	5	6	7	8	9	10	11	12
奶類（母奶）	7次／天（一次90~140 c.c.）	6次／天（一次110~160 c.c.）	6次／天（一次110~160 c.c.）	5次／天（一次170~200c.c.）	5次／天（一次170~200c.c.）	5次／天（一次170~200c.c.）	4次／天（一次200~250c.c.）	4次／天（一次200~250c.c.）	4次／天（一次200~250c.c.）	3次／天（一次200~250c.c.）	2次／天（一次200~250c.c.）	1次／天（一次200~250c.c.）
奶類（配方奶）	7次／天（一次90~140 c.c.）		5次／天（一次110~160 c.c.）								3次／天（一次200~250c.c.）	2次／天（一次200~250c.c.）
水果類（維生素A、C、水分、膳食纖維）				自榨果汁（稀釋一倍）1~2茶匙			自榨果汁或果泥1~2湯匙			自榨果汁或果泥2~4湯匙		
蔬菜類（維生素A、C、礦物質、膳食纖維）							菜泥1~2湯匙			剁碎蔬菜2~4湯匙		
全穀物類（醣類、蛋白質、維生素B₁和B₂[未精緻的穀類]）				麥粉或米粉4湯匙（有過敏性疾病家族兒的嬰兒，可於六個月後再添加麥粉）			2.5~4份（一份相當於：稀飯、麵線1/2碗、薄片吐司1片、饅頭1/3個、米粉、麥粉4湯匙）			4~6份（一份相當於：稀飯、麵線1/2碗、乾飯1/4碗、薄片吐司1片、饅頭1/3個、米粉、麥粉4湯匙）		
蛋豆魚肉類（蛋白質、脂肪、鐵質、鈣質、維生素B群、維生素A）							1~1.5份（一份相當於：蛋黃泥2個、豆腐1個、豆漿240c.c.、魚泥、肉泥1兩）			1.5~2份（一份相當於：蛋黃泥2個、豆腐四個方塊或半盒、豆漿240c.c.、魚泥、肉泥1兩）		

備註：1. 餵養次數為建議參考值，主要仍依嬰兒的需求哺餵。
2. 嬰兒奶粉沖泡濃度依產品包裝的說明。
3. 一歲以後嬰兒才可以喝的牛奶或羊奶。
4. 表內所列哺餵母奶或嬰兒配方食品次數，係指完全以母奶或嬰兒配方食品餵養者，若母乳不足加餵嬰兒配方食品供給。
5. 各類食品中之份量為每日之總建議量，母親可將所需份量分別由該類中本地種類安排餵養次數。
6. 七至九個月寶寶之餐食譜範例：
　早餐：米粉或母奶或嬰兒配方食品。　午餐：魚肉泥(1/2兩)、稀飯(1/2碗)、香瓜泥(1/2碗)。
　午點：母奶或嬰兒配方食品。　晚餐：蛋黃泥(1湯匙)、麵條(1/2碗)、蔬菜泥(1湯匙)。
　晚點：母奶或嬰兒配方食品。

資料來源：林薇、劉貴雲、杭極敏、高美丁、張幸真、楊小淇（2003）。

6. 任意添加食物或烹飪奶水，易造成嬰兒腸胃問題，應避免為之。

7. 餵食的姿勢、奶嘴種類、環境及態度均會影響餵食的效果。

8. 選擇奶粉時，主要以觀察嬰兒對奶粉有無過敏、腹瀉或便秘，來決定使用的奶粉，奶粉的好壞與價錢無關。

9. 不要餵滿週歲前嬰兒蜂蜜水，因為蜂蜜中易含有肉毒桿菌孢子，會對嬰兒造成傷害。

10. 坊間一些育兒偏方因成分不明，可能有害身體（例如八寶散曾多次被檢查出含鉛過量），所以除醫生處方藥品外，不可隨意餵食嬰兒。

四、沖泡奶粉的步驟

1. 依嬰兒月齡，準備適合的奶瓶奶嘴。

2. 加入開水：先加冷水再加熱水，比例約 2：1，溫度約 37°C。

3. 加入適量奶粉：依照各廠牌嬰兒配方食品罐上說明之濃度沖調，但餵奶次數和餵奶量需依嬰兒的食慾做調整，其罐上的餵食表僅供參考。

4. 搖勻：拴好奶嘴，雙手握住瓶身，以旋轉方式搖勻，切勿上下搖動，以免產生過多氣泡，造成嬰兒脹氣。

5. 試水溫：將奶水滴在手腕內側測試水溫，奶水溫度約 37°C，若使用熱水加溫，則加溫後要重新搖勻，再試水溫。

6. 測滴速：奶水流出速度以每秒鐘一至二滴為原則。

7. 餵食時，須讓奶水充滿奶嘴頭，再行餵食，以免吸入空氣，引起腸胃脹氣。

五、溢奶或吐奶

　　嬰兒因為胃部上端肌肉未發育完全，胃容量小，胃呈水平狀，最初幾個月可能會出現溢奶或吐奶的狀況，此時要注意觀察嬰兒的情緒及體重是否穩定增加，並嘗試少量多餐，若出現大量、噴射狀吐奶，吐出物含血或黑渣，則須趕緊就醫。下列提供幾種方式可以減少嬰兒溢奶：

1. 將嬰兒以 45 度角搖籃式方法抱起來餵奶。

2. 餵食中或餵食後，手拱成杯狀由下往上輕拍嬰兒背部，使其輕輕打嗝。

3. 餵食後，讓嬰兒保持直立靠坐在腿上或使嬰兒上身趴在照顧者身上二十至三十分鐘。

4. 餵食後，若要將嬰兒放回床上，可使嬰兒右側躺，頭墊高約30～40度。

第三節　斷奶期營養

依據《兒童健康手冊》（行政院衛生署國民健康局，2012）的建議，只要嬰兒生長發育正常，在四個月以下不建議吃任何營養食品。照顧者可以在嬰兒近四個月大時評估嬰兒頭部穩定度、舌頭和嘴部肌肉的控制，各方面皆較成熟（例如能吞嚥口水）時，開始添加副食品。當嬰兒四個月大以後，身體各方面的生長及發育已漸趨成熟，此時嬰兒對營養素的需求也逐漸增加，母乳或嬰兒配方奶粉所提供的營養素已無法滿足其生長所需，尤其是鐵質，此時嬰兒由母體內得到的鐵質已經逐漸耗盡，因此四個月大以後嬰兒需要開始添加副食品。但是，由於過敏兒逐漸增加，所以目前已有許多專科醫師建議，副食品最好從六個月後開始添加，尤其是全蛋以及易引起過敏的食物，最好在滿週歲後再添加。

一、斷奶期的意義

嬰兒由母乳或嬰兒配方奶粉循序漸進轉換到固體食物的這段時間稱為「斷奶」，斷奶並非不喝牛乳之意，而是指逐漸脫離奶嘴與奶瓶，慢慢停止母乳或配方奶的餵哺，增加副食品並學習使用其他餐具、器皿來進食。因此六個月大以後的嬰兒，仍應以母乳及配方奶為主，並慢慢添加副食品。

二、斷奶的時機

母體於懷孕期儲存在嬰兒體內的營養素（如鐵質），大約會在嬰兒六個月大時完全消耗掉，因此為了補足不夠的營養素，當嬰兒出生滿四個月後，即可開始添加副食品，此時期就是斷奶開始的最佳時機。除了以滿四個月作為斷奶開始的時機外，添加副食品也需考量每個嬰兒的個別差異，因此若觀

察到下述情形時,則表示可開始為嬰兒添加副食品。

1. 嬰兒體重已達出生時的兩倍。
2. 嬰兒開始對食物產生興趣,看到他人飲食時,會將身體靠過去,並將手或物品放入口中。
3. 嬰兒頭部穩定度足夠,且舌頭和嘴部肌肉的控制成熟。
4. 嬰兒吐出反應慢慢消失。

◆ 嬰兒吐出反應:

　　嬰兒因為舌頭及嘴部肌肉控制不成熟,再加上剛開始並不習慣餵食,所以會用舌頭將食物推擠出來,此反應為自然的吐出反應,而且會於四個月大時慢慢消失,所以照顧者只要讓嬰兒多練習食用副食品,這種現象就會慢慢改善。

三、副食品

　　副食品則是指嬰兒在斷奶期間,除了奶類以外所添加的所有食物,包含液體、半固體或固體食物。台灣副食品的添加調查中指出,有四成五的嬰兒是在第四個月時開始添加副食品,添加種類以米、麥粉和果汁最早,另外,將近八成(76%)的嬰兒在第六個月大時開始以固體食物取代奶類為一次正餐,而尚有 5%的嬰兒到一歲時仍未以固體食物取代奶類為正餐,顯示一歲嬰兒的飲食仍然以奶類為主,副食品添加觀念仍需多加推廣(蘇秋帆,2005)。

(一) 副食品添加原則

1. 每次只餵食一種新的食物,且由少量(一茶匙＝5 公克)開始,加水稀釋,濃度由稀漸濃,食物形態由流質、半流質、半固體到固體。
2. 添加新的副食品,時間點以上午為佳,如果食用後有異狀,下午被發現時才有時間處理。
3. 每試一種新的食物需試三至四天,且注意嬰兒的糞便及皮膚狀況。若餵食後沒有不良反應(如:腹瀉、嘔吐、皮膚潮紅或出疹或便秘等症狀),才可換另一種新的食物。若糞便、皮膚發生變化或有其他異狀,

應馬上停止食用該種食物，即刻帶嬰兒去看醫師，以確定病情。

4. 試過四至五種不同的食物後，可將嘗試過的副食品混合餵食。

5. 讓嬰兒先吃副食品再喝奶，可提高嬰兒對副食品的接受度。

6. 當幼兒長牙或抓握能力成熟時，可讓幼兒自己使用餐具進食。

7. 當嬰兒較大時，最好將副食品裝盛於碗內，以湯匙餵食，使嬰兒適應成人的飲食方式。

8. 盡量以天然、新鮮食物來製作副食品，不可額外添加調味料。

9. 製備副食品時，須注意器具之衛生安全，雙手及食物也應洗淨。

10. 購買市面上現成的嬰兒食品時應注意有效期限，若不能當餐吃完，可冷藏放冰箱，並於四小時內食用，吃不完則應丟棄。

11. 製備副食品的器皿應於使用完後立即洗淨消毒。

(二) 副食品添加的程序

1. 由容易消化不會引起過敏的食物開始，如穀類、米湯、蔬果汁等低蛋白高醣類食品。

2. 添加順序為果汁、穀粉（四至五個月嬰兒）→含澱粉豐富的食物（如馬鈴薯泥）（五個月嬰兒）→蛋黃（五至六個月嬰兒）→肉泥（七至九個月嬰兒）→全蛋（一歲以後），以此順序來添加嬰兒副食品。

3. 採用循序漸進的方式：濃度由稀漸濃，型態由流質、半流質、半固體最後到固體食物。

4. 因考慮嬰兒的腎功能，肉類等高蛋白食物至少要七個月以上才能給予。

5. 其他食物添加時間可參見表2-4。

(三) 副食品的製作

製作嬰兒副食品時可以善用一些工具，幫助製作不同性質的食物，目前市面上常用的工具及使用方式，介紹如下：

表2-4　副食品添加時間表

嬰兒年齡	副食品
4個月	果汁、菜汁、穀粉、米粉、米湯
5個月	果泥、菜泥、米糊類、馬鈴薯泥、嬰兒用消化餅、麵包、蛋黃泥
6個月	豆漿、豆花、豆腐、肝泥
7〜9個月	魚鬆、肉鬆、肉泥、魚泥
9〜12個月	碎肉、碎肝、碎魚
週歲以後	全蛋、蛋白、蒸蛋

1. 磨泥器：製作各種水果泥（如蘋果、梨等）。
2. 紗布：去除果菜汁纖維，濾渣用（如葡萄）。
3. 鐵湯匙：刮下質地較軟的水果（如木瓜、熟透之哈密瓜），或製作肝泥使用。
4. 菜刀與砧板：剁碎食物用，為了避免交叉感染，生、熟食要各一套。
5. 電鍋：蒸熟或蒸軟食物用（如地瓜、南瓜）。
6. 小湯鍋：可烹煮或燙熟食物用，或煮湯用（如葉菜類等）。
7. 夾子：用以截斷麵線、麵條等麵食。
8. 微波爐：加熱或煮食食物用。
9. 開水：用來稀釋各種製品濃度（如果汁對半稀釋）。

(四) 心理建設

　　寶寶開始添加副食品的頭幾天一定會吃得滿嘴都是，嘴巴外頭比裡頭還多，那是因為這個時候嬰兒舌肌尚未發育完全，而且還不太會使用舌頭。只要寶寶一直保持進食的興趣，就可以持續地試著用湯匙餵他，將食物放在寶寶舌頭中央，幫助寶寶進食。但如果寶寶因為餓極了而失掉進食的興趣，照顧者先餵他喝一些牛乳後再給副食品也是另一種方法。

四、水分的補充

水分可以幫助消化，輸送養分，調節體溫；促進腸道蠕動，防止便秘；排除廢物，清潔身體內部；並且有潤滑作用，減少體內器官活動的摩擦。所以嬰兒比成人更需要補充水分，建議在兩次餵奶之間給予溫開水或稀薄果菜汁，不可加糖。

五、嬰兒腹瀉

嬰兒受病毒或細菌感染或吃到不潔食物時，容易引起腹瀉。嬰兒若持續腹瀉，應至醫院就診，以免發生脫水現象造成危險；此時水分、電解質及食物的補充均應請教醫師。若腹瀉情況不嚴重，可停止一至二次餵奶，只給予醫生處方的電解質液，並將嬰兒配方食品的濃度減半。

六、致敏性食物

台北榮民總醫院毒藥物防治諮詢中心二〇〇七年度服務成果和特殊中毒案例報告中（吳子聰等，2007），列出台灣地區不同年齡層常見的食物過敏致敏食物，整理如表2-5，第一級為最容易引起過敏反應的食物，以此類推。若嬰兒屬於過敏體質，供應副食品應盡量避開致敏食物。

 表2-5 台灣地區不同年齡層常見的易導致食物過敏的食物

過敏級數	食物
第一級過敏食物	蝦、蟹、奶、蛋、花生
第二級過敏食物	芒果、其他海鮮（除了第一級與第三級所列者）
第三級過敏食物	花枝、蛤仔、魷魚、墨魚、螺、鱈魚、大豆、小麥、奇異果

資料來源：吳子聰等（2007）。

第四節　斷奶期各階段之飲食建議

　　嬰兒在足四個月以後，來自於母體的鐵質逐漸消耗完，另外在口水及腸胃道的澱粉酶分泌量增加且活性增強，此時不論是喝配方奶或是餵母乳的嬰兒，都可以開始添加含鐵的穀類食物；副食品除了增加熱量來源，還可以預防缺鐵性貧血，促進嬰兒智力發展。而副食品的餵食量由少量（一茶匙＝ 5 公克）開始，等嬰兒適應良好，再增加餵食量。餵食次數則由一日一次逐漸增加到一日兩次，餵食的時候可在固定的地方進食（如嬰兒用餐椅），餵食時讓嬰兒坐直，用湯匙將食物放在嬰兒舌頭的中央，幫助嬰兒吞嚥。而最好的進食時機則是在哺餵奶水前 0.5～1 小時，此時嬰兒稍具飢餓感，接受副食品的意願較高。

　　斷奶期供給的飲食營養要均衡，照顧者可依照行政院衛生署核定一至十二個月嬰兒每日飲食建議攝取量（參見表 2-3），一般而言，攝取約七成左右，嬰兒即可發展良好，而其餘各時期應注意之事項，以下分述之：

一、四至六個月嬰兒

　　四個月大的嬰兒可以開始餵食蔬菜汁或水果汁，因為嬰兒口味較清淡，且腸胃道耐受度較差，因此榨完的果汁必須用篩網過濾後加入等量的開水，才能供應四個月大嬰兒使用。五穀粉、米粉等穀類粉可加入配方奶中，增加熱量的攝取。

　　五個月大後可以開始供應穀類粥、薯類粥、麥糊、糙米麩糊、蔬菜泥或水果泥等糊狀食物，食物講求原味不需調味，每次添加以單一食物餵食，並且在早上十點左右供應，仔細觀察幼兒反應，如果食用後排便異常，或有其他異狀，在下午被發現時才有時間處理。

　　最遲在嬰兒約滿六個月時一定要給予一些富含醣類及鐵質的泥狀食物（如：蕃薯泥），其他像水果泥、蔬菜泥、綠花椰菜、胡蘿蔔、紅薯等深綠色、深黃色蔬菜，富含維生素及礦物質故應多選用。水果可選擇當季成熟且纖維較少者，如：香蕉、蘋果、梨子、木瓜等，水果泥應該在食用前才製作，

以免維生素 C 被氧化而破壞。如果添加副食品晚於七個月才開始，會使嬰兒對固體食物接受度差，嚴重者會影響嬰兒生理與智能發展。

二、七至九個月嬰兒

嬰兒滿六個月進入七個月大，此時母乳所供應的蛋白質及鐵質已不能滿足嬰兒生長發育的需要，因此照顧者每天除了給予嬰兒果汁、菜汁、果泥、菜泥、五穀粉補充熱量、維生素和礦物質外，也開始給予富含蛋白質與鐵質的泥狀食物，如：豆腐泥、肝泥、肉泥等。嬰兒約在六、七個月左右開始會有咬東西的意識，此時食物型態可由流質（湯汁狀）或半流質（糊狀）轉變成半固體（泥狀）或固體。再配合此時期嬰兒喜愛抓取物品的特性，可將食物製作成易於拿取的型態（如饅頭塊），增加嬰兒進食樂趣。

這些副食品的每日供應量約佔總熱量的 1/4，餵食量可增加到每日三次，供應時間可在每天早上十點、下午三點及六點左右各餵食一次。為了避免過敏現象的產生，需採用循序漸進的原則。照顧者在嬰兒七個月大時，先給予豆腐泥與肉泥，剛開始可用湯匙刮出肉泥，再加入玉米粉或太白粉勾薄芡做烹調，使肉泥成品較為滑嫩；之後漸漸的採用絞肉，將絞肉先用刀背拍打，然後加玉米粉拌勻再烹調，使成品滑嫩易吞嚥。嬰兒在攝取了豆腐泥與肉泥後，可以誘導消化道內蛋白酶的產生與活化，使腸胃道的蛋白酶更加活躍，進而能對接下來的內臟類、魚類等食物之蛋白質進行消化吸收，而不至於產生過敏現象。

在嬰兒八個月大時，除了蛋黃泥外，還可選當季、少刺、少油之新鮮白肉魚類做成魚泥給他吃，魚泥裡面富含 EPA 與 DHA，有助嬰兒腦部與神經發育。等嬰兒習慣各種食物的味道後，可逐漸將各類食物調配在一起給嬰兒吃，不僅可使食物顏色較佳，且由於不同食物的搭配，可增加食物的美味。一般而言不鼓勵額外添加調味料，但是有時嬰兒胃口不佳，或者為了降低肉、魚、豆、蛋類的腥味，製作副食品時可添加約為成人用鹽或醬油量的 1/4 份量，使嬰兒感覺有淡淡的味道即足夠。嬰兒九個月大時，進入斷奶後期（又稱咀嚼期），泥狀食物的餵食一天可增加為三次。

三、十至十二個月嬰兒

　　嬰兒到了十個月大以後，食物的軟硬度可由牙齦輕嚼即碎的軟質食物，逐漸轉變成剁碎煮軟一點的食物，其食物型態已從半流質慢慢轉變為軟質。由於蛋白酶的活性更增強，嬰兒對於蛋的蛋白質部分之消化吸收已較完全，可以給嬰兒嘗試少量全蛋製作的蛋塔、布丁、蒸蛋……等副食品。但是要提醒照顧者，若嬰兒是個過敏兒，或嬰兒的母親本身也是過敏體質者，則高過敏食物（全蛋、麥類、柑橘類、海鮮、堅果、大豆製品、巧克力等）建議在寶寶一歲大以後才提供。

　　嬰兒十一至十二個月大時即進入斷奶完成期，吃的食物以軟質食物為主，蔬菜、肉類與魚類剁碎煮軟一點，使嬰兒易於咀嚼吞嚥，也可以提供少許乾飯，滿足嬰兒咀嚼的慾望。此時嬰兒大部分的營養素來自乳汁以外的軟質食物，因此供應的食物需涵蓋豆魚肉蛋類、全穀根莖類、蔬菜類及水果類，每一類可以任選一種輪流餵食，而且應注重食物色、香、味的調配，以能促進嬰兒的食慾為原則。建議此時嬰兒可以在輕鬆的氣氛下和家人同桌進食，只要食物體積不要過大、質地不要太硬，則嬰兒可與家人食用相同食物，不需額外準備。

　　嬰兒近週歲時，將添加的軟質食物逐漸轉變為正餐，成為嬰兒主要的營養來源，此時餵食次數為三正餐兩點心，進餐時間以早餐、午餐、晚餐等三餐次為主，並在早上十點及下午三點各給一次點心，其中牛乳的哺餵應在點心時候供應。此時的嬰兒已可自己進食，所以照顧者可為嬰兒準備容易使用的餐具，如短柄湯匙、耐摔的碗、杯、盤等，讓嬰兒自己進食，並學習使用餐具及用餐禮儀（圖 2-2）。

圖 2-2　讓嬰幼兒自己使用餐具進食，訓練小肌肉發展並逐漸適應成人飲食型態

照片來源：模特兒陳咸志，呂欣怡攝。

第五節　斷奶期之副食品營養食譜

 胡蘿蔔汁（四個月）

材料：胡蘿蔔。

做法：

1. 胡蘿蔔削皮去頭尾，切成長條狀，以冷開水沖洗過。

2. 放入榨汁機中，榨出原汁，以開水 1：1 稀釋即可。

＊若幼兒會害怕胡蘿蔔的特殊腥味，可加少許檸檬汁，味道便會順口些。

柳丁汁（四個月）

材料：柳丁、水。

做法：

1. 將柳丁洗淨後切對半。

2. 用壓汁機將柳丁壓出汁來，再和開水以 1：1 的比例調成稀釋柳丁汁即可。

 葡萄汁（四個月）

材料：葡萄、水。

做法：

1 將葡萄洗乾淨，以沸水煮至葡萄皮裂開，將葡萄放入紗布中扭轉取汁。

2. 擠出葡萄汁，和開水以 1：1 比例稀釋給幼兒食用。

番茄汁（四個月）

材料：聖女番茄、冷開水。

做法：

1. 番茄洗淨後，放入果汁機中加入水（約番茄份量的一半）攪打均勻即可。

2. 若孩子不喜愛番茄的味道，可加入少量梅子粉一同攪打均勻，使味道綜合，讓孩子較不會討厭番茄的味道，以幫助營養均衡。

 綜合果汁（五個月）

材料：蘋果、香瓜、鳳梨。

做法：

1. 將蘋果、香瓜、鳳梨去皮、去籽、切成小塊狀。

2. 放入果汁機中，加入適量開水，攪打成汁即可倒入杯中。

＊果汁中帶有些許果肉渣，其中含有豐富纖維質，可於五個月大時直接飲用，勿過濾。

馬鈴薯泥（五個月）

材料：馬鈴薯。

做法：

1 將馬鈴薯削皮切塊後放入電鍋蒸熟。

2. 取出後放入調理器中搗成泥狀即可。

 鳳梨泥（五個月）

材料：鳳梨。

做法：

1. 將鳳梨削皮，切成適當大小後以冷開水沖洗。

2. 以食物調理器將鳳梨磨成泥狀即可。

白粥（五個月）

材料：白米、水。

做法：

1. 將白米洗淨。

2. 以一杯米對上四杯水的比例即可煮出香濃的稀飯。

＊嬰兒剛開始食用副食品時，水的比例宜增加。

方法一：使用爐火以中火慢滾，過程中需不斷攪拌以免黏鍋，火勢不宜過大，否則容易溢出。較耗費精神及體力，約需花費三十至四十分鐘。

方法二：將一杯白米洗淨，與四杯水同時放入果汁機內，以瞬間高速攪拌約七至八次，再放入鍋子中，以爐火煮約十五至二十分鐘即可。用此方法煮的粥較綿密細緻，最適合幼小的孩子食用。

方法三：將一杯白米洗淨，放進冷凍庫中，使白米結塊，冰凍約半小時取出，同樣依比例，將四杯水煮滾後再放入冰凍後的白米，以中大火滾約十至十五分鐘即可，此方法是使用爐火中最快速的一種。

方法四：最適合忙碌的家長。同樣依比例將白米與水放入電鍋內鍋中，使用電鍋來炊煮，外鍋只需一杯水的時間，即可將白粥烹煮好，可節省人力。

菠菜泥（五個月）

材料：菠菜。

做法：

1. 菜洗淨切段，放入滾水中汆燙。

2. 汆燙好的菠菜，使用食物調理器將菠菜搗成泥狀即可。

 豆腐泥（六個月）

材料：豆腐。

做法：

1. 豆腐放入電鍋蒸五分鐘。

2. 蒸好的豆腐，搗爛成泥狀或
   使用紗布擠壓成泥狀即可。

＊紗布必須先以冷開水沖洗過，並且
　注意衛生。

豬肝泥（六個月）

材料：豬肝。

做法：

1 將豬肝洗淨切丁，放入滾水中汆燙。

2.再使用食物調理器將豬肝丁搗成泥狀即可。

＊可在滾水中加入少許薑絲，去除腥味！

 南瓜奶糊（週歲以後）

材料：南瓜、鮮乳。

做法：

1.先將南瓜去皮去籽，放入電鍋
　內蒸熟。

2.蒸熟後，放入果汁機攪打，再
　加些許鮮乳，打成糊狀即可。

西洋梨牛乳（週歲以後）

材料：西洋梨、牛乳。

做法：

1. 先把西洋梨削皮去籽切成塊狀，以冷開水沖洗。

2. 將西洋梨塊放入果汁機中，並加入一杯全脂牛乳，以中高速攪打約三十秒
　即可。

 **吐司泡牛乳（週歲以後）**

材料：吐司、牛乳。

做法：

1. 先將吐司剪成一口大小，放入烤箱烤約三分鐘，呈焦黃狀。

2. 把烤好的吐司塊放入碗中，再倒入一杯鮮乳即可。

米餅泡牛乳（週歲以後）

材料：米餅、牛乳。

做法：

1. 將牛乳隔水加熱。

2. 把米餅壓碎泡在牛乳中即可。

第六節　結論

　　嬰兒期的營養是一生健康的基礎，並且會影響日後的發育。嬰兒從出生離開母體後，其生長及發育所需要的營養，完全仰賴父母及照顧者的餵養，所以父母及照顧者的營養知識與食物製備技巧對嬰兒而言是相當重要的。嬰兒時期又會因為嬰兒週齡或月份的不同，有不同飲食型態及需求，所以本章詳述嬰兒時期的哺育一直到副食品的添加，並有實作膳食，讓讀者更能掌握這些技巧。

第三章

幼兒期營養

陳碩菲、黃品欣　著

　　滿週歲到六歲階段稱為「幼兒期」或「學齡前期」，幼兒期雖然已經不像嬰兒期那樣快速生長，但此時期卻是生理發育與智力發展的關鍵，所以，良好的營養足以影響其未來一生。然而，此時期亦是生長中最容易發生營養不良的階段，而營養不良會導致幼兒發育不全，體弱多病，對疾病的抵抗力降低，嚴重的時候還會因為營養素的缺乏而造成身體的缺陷，因此幼兒期的營養要特別注意。

第一節　身長與發育

一、身高

　　幼兒期是身長快速抽高期，幼兒的熱量需求不單只是供應日常基礎代謝率、攝食產熱效應、日常活動量或運動量所需，還得滿足幼兒生長所需要的營養與熱量。在身高的部分，嬰兒到一歲時身高約為 75 公分，一至二歲約增加 12 公分，二至三歲大約只會增加 8.5 公分，之後的三年每年大概增加 7～8 公分（表3-1）。身高發展到六歲時會增加到滿週歲身高的 50%，腿長的增加會比軀幹的增加來得多，六歲前男孩子長得比女孩子快，但是六歲以後女孩

子的發育慢慢趕上男孩子，最後反而會比男孩子更快進入發育成熟期。

 表3-1 幼兒一至五歲身高的變化

幼兒歲數	1 歲	1～2 歲	2～3 歲	3～4 歲	4～5 歲
身長或身高（公分）	75	＋ 12	＋ 8.5	＋ 7.5	＋ 7

資料來源：行政院衛生署國民健康局（2010）。

二、體重

　　一至六歲幼兒的體重變化並不急速。嬰兒到一歲時大概為 9 公斤，而後每年約增加 2～3 公斤，發展到六歲時，體重會增加到滿週歲的一倍。表 3-2 呈現幼兒時期大致的體重變化。但是由於此時期常出現不同程度的厭食現象，因此體重發展不是很穩定，所以需要定期檢測監控身高體重，而目前幼兒生長評估以二〇〇九年五月十八日國民健康局公告新版生長曲線圖為主，詳細的生長評估方法在本書第四章中有詳細說明。

 表3-2 幼兒一至五歲體重的變化

幼兒歲數	1 歲	1～2 歲	2～3 歲	3～4 歲	4～5 歲
體重（公斤）	9.75	＋ 2.5	＋ 2.5	＋ 2	＋ 2.5

資料來源：行政院衛生署國民健康局（2010）。

三、頭圍

　　幼兒期的兒童頭圍變化不大，頭圍在滿週歲時約比出生增加 10～12 公分，但是第二年只增加 1～2 公分，兩歲以後每年增加小於 2 公分（表3-3），幼兒期的兒童持續著嬰兒期的大頭小身體，此時兒童的頭部大小已達成人的90%了。

表3-3	幼兒一至五歲頭圍的變化				
幼兒歲數	1 歲	1～2 歲	2～3 歲	3～4 歲	4～5 歲
頭圍（公分）	45.5	＋2	＋2	＋2	＋1

資料來源：行政院衛生署國民健康局（2010）

四、牙齒的發育

　　人類有兩套牙齒，第一套是乳齒，數目為二十顆，大約六歲左右乳齒開始脫落，取而代之的牙齒則為恆齒。恆齒的數目為三十二至三十六顆。乳齒會在出生後的六至七個月開始萌發，到兩歲半的時候長齊，所以兩歲半以後的幼兒已具有良好的咀嚼能力。在此時期的幼兒，牙齒未長齊、缺牙跟蛀牙是影響其食物攝取狀況的主要因素，因此照顧者要注意教導幼兒良好的口腔衛生習慣，避免蛀牙及不正常缺牙的發生。

第二節　幼兒期的特性

　　此時期孩子正處於對新世界好奇的階段，活動量增加，所需營養素及熱量激增，常常玩得太開心或分心而疏忽進食或者進食不專心，所以照顧者應注意幼兒的營養狀況。在抵抗力方面，因為幼兒與他人接觸機會增加，但身體各種機能（如免疫力等）尚未成熟，對疾病抵抗力差，再加上暴露在更多的感染環境中，喜歡觸摸各種東西或順手將玩具或各種物品放入口內，這些因素導致幼兒常常感染傳染性疾病或腸胃炎。另外，幼兒也開始會有飲食自主意識，對食物有喜惡之分，想要具有選擇食物的權利，再加上成人的飲食偏見，非常容易造成幼童偏食之習性。

第三節　幼兒期每日飲食建議

　　幼兒期脫離嬰兒時期的奶瓶哺育，開始成為家庭餐桌上的一員，進入與成人共同飲食的型態。為了家庭食物製備簡便，此時期的孩子所需的飲食往往以家庭中成人飲食為基礎，再做適當的改變。此階段孩子所需的營養素與成人相同，一樣來自於六大類食物，最大的差別僅有熱量與食物份數的不同。若以大概份量而言，幼兒期對六大類食物的需求量為五穀根莖類 2～3 碗、蔬菜類 1～2.5 碟、水果 1～2 個，奶類 1.5 杯、蛋豆魚肉類 1～2 份，及油脂類 1～2 湯匙。我們可以將幼兒期每日飲食指南用梅花圖的表示方法將其份量需求呈現於圖 3-1。

圖 3-1　幼兒期每日飲食指南

資料來源：行政院衛生署（2005d）。

　　另外，在孩子四歲以前，因為性別對於生長和活動量沒有明顯的差異，所以男孩跟女孩所需要的熱量和食物的份量相同。但四歲以後，男女孩的體型及活動量已經出現明顯的差異，所以此階段開始會針對性別以及活動量做不同熱量和食物份量的設計。表 3-4 列出一至六歲每日飲食建議攝取量（行政院衛生署，2005d），在表格中，一至三歲孩子的飲食建議攝取量只照活動量區分為活動量稍低跟適度兩組，並無性別的區分，但四歲以後，就會針對性別以及活動量做不同熱量和食物份量的設計。至於孩子活動量的定義，活動量稍低跟適度如何區分，以下說明之。

1. 活動量稍低：指幼兒日常生活以輕度活動為主，如坐著做勞作、畫畫、聽故事、看電視等，另外每天大約有一小時左右從事不太激烈的動態活動，如走路、慢跑、捉迷藏、慢速騎腳踏車、玩蹺蹺板、盪鞦韆等。
2. 活動量適度：指幼兒日常生活以中度活動為主，如遊戲、帶動唱，另外每天大約有一小時左右從事較激烈的活動，例如跳舞、玩球、快速騎腳踏車、爬上爬下、跑來跑去等。

第四節　幼兒期的營養需求

　　根據台灣地區幼兒營養素攝取狀況調查結果顯示，幼兒期平均熱量攝取只達建議量的 75% 左右，但是蛋白質平均攝取量為建議量之 1.2～1.7 倍，而維生素攝取雖然較十年前增加，但較大幼兒在維生素 B_1 及 B_6 的攝取量則有不足的現象；鈣質、鐵質及鋅的攝取量不足，尤以鋅攝取量僅達建議攝取量的 58～67% 差異最大（沈敬人，2000）。所以本節將針對幼兒期的營養需求做詳細的說明，表 3-5 列出行政院衛生署食品藥物管理局公告零至六歲幼兒膳食營養素參考攝取量（2011b）。

表3-4 一至六歲每日飲食建議攝取量

年齡	1～3 歲		4～6 歲			份量說明
性別 活動量	男女		女	女：適度 男：稍低	男	
	稍低	適度	稍低		適度	
熱量（大卡）	1050	1200	1300	1450	1650	
五穀根莖類 （份）	8	8	8	10	12	4 份＝飯 1 碗＝麵 2 碗
奶類（份）	1.5	1.5	1.5	1.5	1.5	1 份＝240c.c.
蛋豆魚肉類 （份）	1	1	1.5	2	2	1 份＝熟的肉或家禽或魚肉 30 公克（生重約 1 兩，半個手掌大）＝蛋 1 個＝豆腐 1 塊（4 小格）
蔬菜類（份）	1	1.5	2	2	2.5	1 份＝蔬菜 100 公克（約 3 兩）
水果類（份）	1	2	2	2	2	1 份＝蘋果 110 克（可食重）＝葡萄 100 克（可食重）
油脂類（份）	3	3	4.5	4.5～6	6	1 份＝5 公克（烹調用油 1 茶匙）

資料來源：行政院衛生署（2005d）。

表3-5　零至六歲幼兒膳食營養素參考攝取量

營養素　年齡	熱量 (kcal)	蛋白質 (g) RDA	鈣 (mg)	磷 (mg)	鎂 (mg) RDA	碘 (μg)	維生素B₂ (mg)	維生素B₆ (mg)	維生素B₁₂ (μg)	菸鹼素 (mg)	葉酸 (μg)	泛酸 (mg)	生物素 (μg)	膽素 (mg)
0 月～	110-120	2.4	200	150	30	110	0.3	0.1	0.3	2	65	1.8	5.0	130
3 月～	110-120	2.2	300	200	30	110	0.3	0.1	0.4	3	70	1.8	5.0	130
6 月～	100	2.0	400	300	75	130	0.4	0.3	0.5	4	75	1.9	6.5	150
9 月～	100	1.7	400	300	75	130	0.4	0.3	0.6	5	80	2.0	7.0	160
1 歲～	1050（稍低）1200（適度）	20	500	400	80	65	0.7（適度）0.6（稍低）	0.5	0.9	8（適度）7（稍低）	150	2.0	8.5	170
4 歲～	男 1450（稍低）男 1650（適度）女 1300（稍低）女 1450（適度）	30	600	500	120	90	男 0.8（稍低）男 0.9（適度）女 0.7（稍低）女 0.8（適度）	0.7	1.2	男 10（稍低）男 11（適度）女 9（稍低）女 10（適度）	200	2.5	12	210

備註：1. 未標明 RDA 者，即為 AI。

2. 年齡係以足歲計算。

3. 「稍低」、「適度」表示工作勞動量之程度。

4. 動物性蛋白在總蛋白質中的比例，一歲以下的嬰兒以佔 2/3 以上為宜。

資料來源：行政院衛生署食品藥物管理局（2011b）。

一、熱量

　　雖然行政院衛生署制定出幼兒期一定的營養攝取份數，但是此營養攝取份數只按照大約年齡範圍及活動量大小做區分，而此時期幼兒的體型差異極大，因此提供下列建議的熱量算法，以供個別幼童計算熱量使用。

　　　　零至三個月：110～120 大卡×（每公斤體重）

　　　　六至十二個月：100 大卡×（每公斤體重）

　　　　一歲以上熱量計算法：

　　　　　　男生：1000 大卡＋ 125 大卡×（年齡－ 1）

　　　　　　女生：1000 大卡＋ 100 大卡×（年齡－ 1）

(一) 將熱量與營養素平均分配到各餐次

　　幼兒期的孩子胃的體積小，但是熱量與營養素相對需求大，因此每日以少量多餐原則供應，一天供應三次正餐，兩次點心。點心可用以補充不足的營養素及熱量，但要注意所有供應的食物，質應優於量，避免供應太多營養密度低的食物，如汽水、糖果……等。

(二) 三餐跟點心的熱量分配採用十分法

　　熱量分配為早餐 3、早點 1、午餐 3、午點 1、晚餐 2。十分法主要在於強調提供足量的早、午餐及適量的晚餐，然後再利用點心來彌補不足的營養素與熱量。以 1,400 大卡為例，以十分法分配出來的熱量為早餐（420 大卡）早點（140 大卡）、午餐（420 大卡）、午點（140 大卡）、晚餐（280 大卡）。

二、醣類

　　醣類為最經濟而且可以被快速利用的營養素，足夠的醣類能提供充足的能量來源以及節省蛋白質。在幼兒時期如果醣類攝取不足，則蛋白質無法被拿來當作生長及架構身體組織使用，轉變成用來當作熱量的來源，造成營養素的浪費以及發育遲緩。

(一) 建議攝取量

醣類應佔每日總熱量的 50～60%；其中多醣類（如澱粉類）應佔 50%；精緻糖（如蔗糖）應低於 10%。所以若以 1,000～1,650 大卡來計算，幼兒期所需的醣類為 150～245 克。

(二) 來源以全穀類為主

根據二○一一年每日飲食指南（行政院衛生署食品藥物管理局，2011a），強調攝取營養素密度高之原態食物，以提高微量營養素與有益健康之植化素攝取量。因此，二○一一年每日飲食指南將原本分類中醣類主要來源之五穀根莖類，修改為全穀根莖類，強調醣類來源以全穀類為主。

三、脂質

每公克脂質可以提供 9 大卡的熱量，屬於熱量濃縮的營養素，對於胃容積較小的幼兒而言是良好的熱量來源，有助於幼兒的生長發育。

(一) 建議攝取量

建議攝取量應佔每日總熱量之 25～35%。其中建議脂肪還是以單元不飽和脂肪酸為主（如橄欖油），可佔總熱量的 10%。飽和脂肪酸（如炸薯條用的豬油）對於幼兒肥胖、癌症及心血管的負擔皆較負面，因此建議控制在 10%以下。多元不飽和脂肪酸（如 EPA、DHA）對幼兒腦部發育有很好的幫助，但是此類型的脂肪酸容易遇熱產生劣變，因此不建議用於高熱的烹調方式（如油炸），一般也是建議控制在總熱量的 10%，此類脂肪酸良好來源為深海魚類（如鮪魚），因此建議每週至少食用三至四份。

(二) 適當攝取堅果類

二○○九年每日飲食草案強調每日油脂類攝取，應包含一份堅果種子類，鼓勵國人攝取堅果以取代精製油類、堅果種子類製品，不但有益均衡營養，更能降低多種慢性疾病風險，例如：早發型糖尿病及某些幼兒癌症。

四、蛋白質

幼兒期正值成長發育的關鍵時期，單位體重所需要的蛋白質量比成人高，且所需的必需胺基酸除了成人所需的九種必需胺基酸外，還加上精胺酸與半胱胺酸，因此攝取適量且品質優良的蛋白質來源，攸關身體組織與生理機能的正常發育與發展。

(一) 建議攝取量

建議攝取量應佔每日總熱量之 10～15%，行政院衛生署建議攝取量不分性別，一至三歲幼兒每日應攝取蛋白質 20 公克；四至六歲幼兒則需提高至30 公克。以份量來算，一至三歲幼兒一天需肉、魚、豆腐約 1～1.5 份，四至六歲幼兒需兩份，以提供蛋白質、複合維生素 B 等。此時期對鐵質需求高，所以可以選擇富含鐵質的食物，如豬肝、紅肉等，而素食幼兒最好視情況適當補充鐵劑、維生素 B_{12}、維生素 B_6 等。

(二) 蛋白質來源

建議優良蛋白質要佔總蛋白質的 2/3，優良蛋白質包括有牛乳、豆、魚、肉、蛋類；雖然肉類是優良蛋白質，但是肉類食品也是主要的飽和脂肪來源，因此鼓勵選擇攝食脂肪含量低的蛋白質食物，尤其是豆製品、魚類、家禽類，所以將選擇順序改為豆、魚、肉、蛋類。

(三) 養成喝奶的習慣

乳品類是良好的蛋白質及鈣質來源，雖然幼兒期不再以母乳或嬰兒奶粉為主要食物，但足夠的牛乳攝取有助於孩子的發育，因此建議讓孩子養成終身喝奶的習慣。一般在幼兒期飲食中一天至少喝一至兩杯牛乳（每杯 240c.c.）或同樣份數的乳品類產品，供給充足的蛋白質、鈣質和維生素 B_2；在幼兒期的乳品類供應以全脂奶為主，若幼童有肥胖或體重過重時，可改用低脂奶或脫脂奶。

(四) 每天一顆蛋

在幼兒時期需要有 2/3 的蛋白質來自於優良蛋白質，蛋白是良好的優良

蛋白質來源，而蛋黃含有豐富的卵磷脂與複合維生素 B 群，但是蛋黃裡面膽固醇相對也較高，所以建議一天一顆蛋即可。

五、維生素

(一) 脂溶性維生素

幼兒因為個體較小，對於大部分維生素的總需求量相對較低，但是單位需求量反而較高，然而攝取過量容易導致幼兒肝腎負擔，尤其是脂溶性維生素 A、D、E、K 的過量攝取，會累積在肝臟中，具有肝毒性，會造成肝發炎或中毒症狀。魚肝油中含有豐富的維生素 A、D、E，在早期的例子中，因為魚肝油甜甜的，常會有大人把魚肝油當成糖果給予幼兒無限量服用，而造成急性腎發炎。

(二) 水溶性維生素

雖然水溶性維生素每天會從代謝器官中排出（如尿液），但仍不建議大量攝取，過量的攝取水溶性維生素會造成生理代謝改變，一方面會使未來水溶性維生素需求量增大；二來，單一維生素攝取會造成另外一種維生素吸收不良，造成吸收競爭，反而會出現營養素缺乏症狀（如單一補充過量維生素 B_1，反而會造成其他維生素 B 群的吸收不足）；另外，大量補充的水溶性維生素也會產生生理的不適症狀，如大量補充菸鹼素會出現腸胃道不適、腹瀉、皮膚發癢等不適症狀。

(三) 維生素來源

建議從天然食物中獲得足夠的維生素，其中蔬果中含有豐富維生素、礦物質及膳食纖維，是孩子生長所需，所以鼓勵幼兒每日至少攝食一至三盤蔬菜，其中每天至少吃一盤（100 公克）深綠色及深黃紅色蔬菜，因為深綠色及深黃紅色蔬菜的維生素 A、C 及鐵質含量都比淺色蔬菜高，所以在食物選擇上以深綠色及深黃紅色蔬菜為優先。

(四) 多攝食含有維生素 B_1 及 B_6 的食物

根據台灣地區幼兒營養素攝取狀況調查結果顯示，較大幼兒在維生素 B_1

及 B_6 的攝取量有不足的現象（沈敬人，2000），所以要讓兒童多攝取 B_1 及 B_6 含量高的食物。B_1 含量高的食物有胚芽米、麥芽、米糠、肝、瘦肉、酵母、豆類、蛋黃、魚卵等，B_6 含量高的食物有肉類、魚類、蔬菜類、酵母、麥芽、肝、腎、糙米、蛋、牛乳、豆類、花生等。

六、礦物質

(一) 鈣質

　　對成長中的幼兒而言，最重要的礦物質為鈣質與鐵質。幼兒每公斤體重鈣質的需要量是成人的二至四倍，飲食中供應充分的鈣質能夠促進幼兒的骨骼鈣化，若鈣質補充不足，會造成生長遲滯、牙齒發育不良，甚至影響大腦智力發展。適合幼兒且含鐵質豐富的食物有奶類、小魚乾、大骨熬煮湯類、魩仔魚等。但必須注意食物中一些成分會阻礙鈣質的吸收，如菠菜中的草酸會與鈣質結合成為不溶於水的「草酸鈣」，所以菠菜中的鈣質只有5%可以被人體吸收，因此在做幼兒膳食設計時，必須避免將菠菜與鈣含量高的食物一起做製備（如菠菜魩仔魚湯），其他會阻礙鈣質吸收的食物尚有甜菜、莧菜等。

(二) 鐵質

　　幼兒期正處於快速生長的階段，造血功能活躍，對鐵質需求增加，若飲食中鐵質攝取不足，會引起缺鐵性貧血，導致注意力不集中、經常性疲倦、免疫機能降低及認知發展障礙。但是要注意額外的鐵劑補充，因為過量的礦物質補充一樣會造成肝、腎負擔，尤其過量鐵會產生鐵質沉著在臟器，引起中毒反應。另外溶血性貧血（如地中海型貧血）的幼兒，因為血球容易破裂，破裂後紅血球中的血色素釋出鐵質，因此幼童已經有較多的鐵質需要清除代謝，所以額外補充鐵劑，更易產生鐵中毒。因為鐵質主要來自動物性食品，所以蛋、豆、魚或肉類每日飲食攝取量低於兩份的幼童，需選擇鐵質豐富的食物，以滿足鐵質的需求，避免缺鐵性貧血的發生，或造成生長障礙。適合幼兒且含鐵質豐富的食物有：豬肝、蛋黃、紅肉等。

（三）鋅

　　鋅佔人體體重的 0.003%，相當於成人體內約有 2 公克鋅。90%的鋅都存在肌肉與骨骼中，其餘 10%在血中扮演舉足輕重的角色。鋅的生理功能很多，包含維持免疫功能、促進生長、性器官的發育和組成代謝所需的酵素（如胰島素）。一至六歲的幼童每天需要 10 毫克的鋅，含鋅豐富的食物包括肉類、肝、蛤、蜆、蝦子、南瓜子、栗子、蛋、乳品、芝麻等。

七、水

　　幼兒期與嬰兒期孩子最大的不同，在於嬰兒期主要的水分來源為母乳或配方奶，而幼兒期的孩子已經脫離以奶水為主要食物來源，所以水分獲得機會都要來自食物或喝水，再加上幼兒期孩童活動量大且活動時間增長，因此身體流失的水分也相對較多，所以更需隨時注意水分的補充。一般水的建議攝取量為一至三歲幼兒每日約需 1,150～1,500 毫升；而四至六歲幼兒約需 1,600～2,000 毫升。

　　在此時期，需要教育幼童喝飲料不等於喝水，讓水分主要來源來自於白開水。有些幼兒害怕水有怪味道不敢喝，此時可以改變水的溫度、變換裝水的容器、在水裡面滴幾滴檸檬汁或加入新鮮水果到水中，循序漸進誘導兒童喝水。

八、膳食纖維

　　足夠的膳食纖維可以維持腸道的健康並預防便秘，一般建議以「年齡＋5」來計算二至二十歲每天應該攝取的膳食纖維公克數。而近來號稱高纖跟代纖的食品日益增加，在給幼兒使用此種高纖或代纖食品，要注意不可與維生素或礦物質共同服用，這樣會降低營養素的利用率。另外，過量的纖維添加會引起幼兒的腸絞痛與腹瀉，所以纖維的來源還是以天然食物為主，不要本末倒置，反而造成幼兒消化不良。

第五節　幼兒常見營養問題的評估與建議

　　幼兒期的營養問題一直是家長與幼兒園的困擾，現在家長生的少，有時候幼兒不見得吃不好或生長不良，卻因家長或幼教老師過度關心幼兒，造成親師的衝突，此時，詳細的幼兒飲食問題評估紀錄（如表3-6），則能幫助家長與老師了解幼兒的飲食狀況。

 表3-6　幼兒飲食問題評估紀錄表

(一) 基本資料

幼兒姓名：
生日：　　　年　　　月　　　日　　　　　滿　　　歲　　　月
記錄日期：　　　年　　　月　　　日
觀察記錄者：
體重：　　　　　公斤　　　　　　體重體位百分比： 身高：　　　　　公分　　　　　　身高體位百分比： 頭圍：　　　　　公分　　　　　　頭圍體位百分比：
幼兒重高指數：（　　　　　　　） ＊重高指數公式＝$\dfrac{評估對象的體重（公斤）÷身高（公分）}{該年齡層的重高常數（如表4-6所述）}$
幼兒身體質量指數：（　　　　　　　） ＊身體質量指數公式＝$\dfrac{體重（公斤）}{身高（公尺^2）}$
牙齒顆數：
幼兒經常抱怨的問題（如不餓、肚子怪怪的……）

（續）

幼兒若有以下情況請在□內打勾：

□蛀牙 　　　　　　　　　　　　　□丟食物

□生病（　　　　　　　　　　）　□食慾不佳

□嘔吐 　　　　　　　　　　　　　□不咬食物

□腹瀉 　　　　　　　　　　　　　□喝含糖飲料

□嘴巴破 　　　　　　　　　　　　□少量多次的進餐

□服用藥物 　　　　　　　　　　　□拒吃某一類食物（　　　　　　）

□情緒憂鬱 　　　　　　　　　　　□在非用餐時間進食

□施打預防針 　　　　　　　　　　□以前接受的食物現在不吃（　　　）

□沒有安全感 　　　　　　　　　　□吃東西需要條件交換

□用餐時哭鬧 　　　　　　　　　　□將食物含在口中

□體重減輕（　　　）公斤 　　　　□用餐沒有固定的場所

□消化問題（如脹氣或腸絞痛……等）□拒絕固體食物

□咀嚼或吞嚥困難 　　　　　　　　□只吃泥狀或液狀食物

□失眠或睡眠型態改變 　　　　　　□幼兒沒有飲食模仿的對象

□更換新的環境 　　　　　　　　　□照顧者菜單缺乏變化性

□更換新的照顧者 　　　　　　　　□照顧者習慣用餐時責罵幼兒

□用餐沒有固定的場所 　　　　　　□幼兒經常被食物嗆到

□幼兒有牙齒咬合問題 　　　　　　□用餐時容易分心

□幼兒不吃的食物與照顧者相同 　　□逃避用餐時間

□幼兒習慣用嘴巴呼吸 　　　　　　□不喝水

(二) 用餐情況 　　　　　　　　　　　　　　　　　　　　(續)

飲食記錄日期：　　年　　月　　日　　　　　星期				
飲食觀察記錄者：				
餐次	飲食內容物和量	餐前照片	餐後照片	用餐所需時間
早餐 用餐時間 （　　　）				
上午點心 用餐時間 （　　　）				
午餐 用餐時間 （　　　）				
下午點心 用餐時間 （　　　）				
晚餐 用餐時間 （　　　）				
其他 用餐時間 （　　　）				
說明：建議記錄日期可維持一至二個星期，資料愈齊全，愈能讓醫師、專家評估 　　　與建議更具體，尤其加入餐前和餐後之照片及用餐的時間約花費幾分鐘、 　　　是否需要成人餵食等，讓紀錄更詳細完整。				

第六節　幼兒期飲食製備重點

　　幼兒期是飲食行為養成的關鍵期，在飲食上，除了充足的熱量外，更要重視營養均衡性，讓孩子攝取到各種營養素，幫助孩子建立均衡飲食習慣，所以此時期在飲食製備上要注意下列幾點（第八節並將介紹一些實用之營養食譜）：

一、烹調方式

以清蒸、燉、滷、涼拌、微波等手法為主，避免經常使用炸、烤、煎焦等質地硬、營養素破壞多的烹調方法。用烤箱烤製食物時，注意要去除烤焦部分。油炸食物要採用新鮮且飽和度高的油，注意油溫不要超過油的發煙點（油經加熱開始冒煙的溫度），油炸過食物的油，避免重複使用，且要當天用完為佳。

二、軟質、易消化的食物型態

幼兒的牙齒正處於長牙或者乳齒階段，咀嚼跟消化能力還不如成人，所以食物供應型態可以用軟質、細碎、勾薄芡等方式，讓幼兒易於取食與消化。

三、採用新鮮與當季食材

考量成本以及食材的新鮮度，不管正餐或點心的材料皆宜選擇季節性、當地性的蔬菜、水果、牛乳、蛋、根莖類蔬食等。

四、口味清淡，避免加工品

此時期屬於口味養成期，不宜提供口味太重或者調味過多的食品，另外，很多照顧者會為了方便製備食物或營養知識不足，而經常使用加工品（如火腿、培根、香腸等）。這些加工品通常太鹹或添加食品添加物，不太適合用來製備幼兒食物。

五、少量多餐

幼兒的消化系統尚未發育成熟，胃容量小，所以在此時期的飲食，除三餐以外，尚會供應一至二次點心補充營養素和熱量。為了不影響正餐的食慾，點心宜安排在飯前兩小時供給，通常可在早上十點或下午三點供應，熱量約在 100 至 150 大卡，量以不影響正常食慾為原則。

六、少油、少糖、少鹽、少精緻型食物

精緻型食品通常營養素破壞多，對幼兒發育沒有幫助，因此避免提供含有過多油脂、糖、鹽及太精緻的食物，如：汽水、蘇打飲料、調味果汁、調味奶、薯條、洋芋片、炸雞、奶昔、糖果、奶油蛋糕和巧克力等。

七、食物多樣化

幼兒時期多方面的食物嘗試，會影響對日後各種食物的接受度，通常在幼兒期沒有吃過的食物，孩子長大後也不容易接受該種食物。

八、適當的營養教育

食品或餐飲廠商常以加量不加價為促銷手段，然而飲食任意加大份量容易造成熱量攝取過多或是食物廢棄浪費，所以應從小開始教導幼兒分辨足夠的食品份量，建立足量的食物份量概念。

第七節　蔬果彩虹五七九

在幼兒期的營養教育方面，財團法人台灣癌症基金會自一九九九年開始推廣「天天五蔬果」，意為每天應至少攝取五份蔬菜及水果。但為了追求更好的健康狀態，每天攝取五份新鮮的蔬菜水果已經不再足夠，因此自二○○四年起，財團法人台灣癌症基金會推動蔬果彩虹五七九，亦即二至六歲之學齡前兒童，每天應攝取五份新鮮蔬菜水果，其中應有三份蔬菜及兩份水果；六歲以上學童、青少女及所有女性成人，應每天攝取七份新鮮蔬菜水果，其中應有四份蔬菜及三份水果；而青少年及所有男性成人，則每天應攝取九份新鮮蔬菜水果，其中應有五份蔬菜及四份水果（表3-7）。

表3-7 不同年齡及性別之蔬果攝取份量

年齡及性別	蔬菜份數	水果份數	總份數
二至六歲兒童	3	2	5
六歲以上學童、青少女及所有女性成人	4	3	7
青少年及所有男性成人	5	4	9

資料來源：財團法人台灣癌症基金會（2008）。

而根據二○○八年財團法人台灣癌症基金會針對全國十二歲以下之學童在網路上進行的問卷調查（財團法人台灣癌症基金會，2008），有七成的孩子自認為知道什麼是「天天五蔬果」，但是實際上卻只有四成六的兒童正確了解「天天五蔬果」是指每天吃五「份」新鮮的蔬菜水果，此結果代表，部分小朋友對於「天天五蔬果」份數觀念的灌輸仍有待加強。另外調查指出，幾乎所有小朋友都知道每天多吃蔬果對身體好處很多，但是卻只有五成的兒童會因此而願意盡量做到「天天五蔬果」。由此可知，除了教育蔬果的好處等知識之外，亦必須搭配技巧鼓勵孩子落實，讓多吃蔬果成為孩子的習慣。其他在調查報告中值得提供給成人知道的資訊有：

1. 兒童最喜歡吃的蔬菜前五名是高麗菜、番茄、花椰菜、絲瓜和菠菜。
2. 兒童最不喜歡吃的五種蔬菜是山藥、大蒜、青椒（甜椒）、芹菜以及洋蔥，可見兒童害怕辛香味較重之蔬菜。
3. 兒童最喜歡吃的水果前五名是蘋果、西瓜、梨子、木瓜和芒果。
4. 兒童最不喜歡吃的五種水果包括鳳梨、李子、柚子、枇杷、楊桃等酸味重之水果。
5. 兒童無法做到天天五蔬果的原因，有三成是爸媽沒有準備，另外有六成二的孩子是因為不喜歡蔬果、味道嘗起來不好吃或是顏色不好看等挑食問題。然而針對此問題，有八成的小朋友認為如果改變烹煮的方式和味道，他們會願意嘗試接受。

6. 有七成五的兒童都認為父母會先買他們喜歡吃的蔬菜水果，可見兒童的喜好對父母是很有影響力的。

7. 高達九成的兒童認為老師以及父母能幫助他們攝食足量的蔬菜水果，由此可見老師及父母對孩子的飲食影響深遠。

8. 有七成的兒童知道喝蔬果汁不等於吃蔬果，但還是有三成的兒童不知道，因此仍需加強營養知識。

9. 有六成五的兒童知道水果不能夠取代蔬菜的營養成分，但是仍有三成五的學童是不清楚的。

10. 由此次調查可以綜觀發現，兒童的蔬果飲食習慣養成大多是透過老師、家長的教育與互動，因此父母、學童、學校三方互動配合是攸關小朋友健康之關鍵。

第八節　幼兒營養食譜

　　運用本章之幼兒膳食製備原則，本節介紹幾道製備快速又適合幼兒的營養食譜，包含早餐、點心、正餐，以及高湯之製作方法。

一、早餐

◎玉米鮪魚粥

材料：白粥半碗、水漬鮪魚罐頭 10g、玉米粒 10g、高湯半碗。

調味料：鹽巴少許。

做法：
1. 使用半碗高湯加入鮪魚及玉米粒煮滾。
2. 湯滾後加入些許鹽巴及白粥，大火持續煮約三分鐘即可。

營養分析：蛋白質 4g、脂質 1g、醣類 17g。

總熱量：93 大卡。

◎三明治＋蘋果牛乳

材料：肉鬆 5g、雞蛋一顆、小黃瓜 3g、吐司一片。

調味料：橄欖油少許。

做法：

1. 先將雞蛋用半匙橄欖油煎成荷包蛋，荷包蛋用小火煎到蛋熟而不焦黃為佳。

2. 吐司一片放入烤麵包機中略烤一下並對切。

3. 半片吐司鋪上一層肉鬆，再加荷包蛋及小黃瓜絲，可擠上些許番茄醬，並蓋上另一片吐司後再對切一次即可。

4. 也可加些生菜或大番茄片，營養更均衡。

5. 蘋果削皮、去籽、切塊，取 2/5 的量放入果汁機中，倒入一杯牛乳，以中快速攪拌均勻即可。

營養分析：蛋白質 21g、脂質 17g、醣類 50g。

總熱量：437 大卡。

◎蘿蔔糕＋豆漿

材料：蘿蔔糕一片（市售）、豆漿 260ml。

調味料：橄欖油少許。

做法：

1. 在鍋裡倒入一匙的橄欖油，將蘿蔔糕放入鍋中煎至雙面呈金黃色略有焦狀即可。

2. 黃豆一杯洗淨泡水一夜，將濾過水的黃豆倒入果汁機內加入六杯的水量（可加熱水）打成汁後，倒進鍋子內煮滾加入適量砂糖即可。此為一壺的份量，一壺約為五杯。

營養分析：蛋白質 8g、脂質 8g、醣類 8g。

總熱量：136 大卡。

◎法式吐司＋全脂牛乳

材料：蛋一顆、吐司一片、全脂牛乳 240ml。

調味料：奶油少許、糖少許。

做法：

1. 將蛋打散，加入少許糖與少許牛乳再度攪和均勻。

2. 吐司雙面均勻沾裹上蛋液。

3. 在鍋內塗上奶油，煎至雙面金黃色即可。

4. 建議搭配一杯全脂牛乳。

營養分析：蛋白質 19g、脂質 18g、醣類 42g。

總熱量：406 大卡。

◎肉鬆蛋餅＋番茄汁

材料：蛋餅皮一片（市售）、蛋一顆、肉鬆 5g、蔥花
　　　3g、聖女番茄十一顆。
調味料：梅子粉少許、醬油少許。
做法：
1. 平底鍋加熱放入一匙橄欖油，蛋打散攪拌均勻倒至鍋
　　中，觀察蛋邊緣有些許成固態狀時鋪上蛋餅皮，蛋皮
　　呈現外圍焦黃時，即可翻面。

2. 蛋餅皮煎軟後，使有蛋的那一面朝上，加入適量肉鬆鋪成一條直線，將蛋餅捲
　　起稍微施加壓力讓蛋餅緊實，之後用鍋鏟切成小塊狀，淋上少許醬油即可食
　　用。

3. 番茄洗淨後，放入果汁機中加入約番茄份量一半的水打成汁，若孩子不喜愛番
　　茄的味道，可在打汁時加入少量梅子粉一同攪和均勻，使味道綜合，讓孩子較
　　不會討厭番茄的味道，以幫助營養均衡。

營養分析：蛋白質 12g、脂質 12g、醣類 36g。
總熱量：300 大卡。

◎厚片吐司＋綜合果汁

材料：厚片吐司（市售）、水果（蘋果 2/5 個、香瓜
　　　1/8 個、鳳梨 1/10 個）。
調味料：果醬（例如：巧克力、花生醬……皆可）少
　　　　許。

做法：
1. 將市售厚片吐司輕輕的用刀子由對角切成叉叉狀放入
　　烤箱中，烤出香味即可取出，依幼兒喜愛的口味，塗
　　上果醬調味。

2. 將蘋果、香瓜、鳳梨去皮、去籽、切成小塊狀後，放入果汁機中加入適量水，
　　打成汁即可倒入杯中。

＊果汁中帶有些許果肉渣，其中含有豐富纖維質，建議直接飲用勿過濾。

營養分析：蛋白質 4g、脂質 0g、醣類 60g。
總熱量：256 大卡。

◎鮮乳玉米片＋麵包棒

材料：吐司半片、玉米片兩匙、鮮乳 240ml。

調味料：無。

做法：

1. 吐司切成條狀，放入烤箱中烤成香脆狀呈現金黃色即可。

2. 將玉米片及鮮乳混合後倒入杯中。

營養分析：蛋白質 12g、脂質 8g、醣類 42g。

總熱量：288 大卡。

◎蛋捲＋番茄汁

材料：蛋一顆、洋蔥 5g、火腿一片、起司絲 10g。

調味料：番茄醬一匙。

做法：

1. 洋蔥與火腿切丁備用。

2. 將一顆蛋打散，加入洋蔥丁、火腿丁與起司絲攪拌均勻。

3. 熱鍋加入一匙橄欖油，將蛋液倒入，以中小火煎至雙面熟透。

4. 食用時可淋上些許番茄醬，增加風味。

5. 番茄洗淨後，放入果汁機中加入約番茄份量一半的水攪和均勻即可，若孩子不喜愛番茄的味道，可在攪拌時加入少量梅子粉一同攪和均勻，使味道綜合，讓孩子較不會討厭番茄的味道，以幫助營養均衡。

營養分析：蛋白質 11g、脂質 12g、醣類 3g。

總熱量：164 大卡。

◎和風三角飯糰

材料：白飯半碗、魩仔魚 10g、魚鬆 5g、海苔一片。

調味料：日式醬油少許。

做法：魩仔魚以少許油及蒜頭爆炒備用，將白飯置於保鮮膜上，鋪平擺上魩仔魚及魚鬆，以保鮮膜將米飯包起捏成三角形狀，抹上少許醬油，海苔過火微烤一下，外層以海苔包上即可。

營養分析：蛋白質 12.4g、脂質 3.6g、醣類 32g。

總熱量：210 大卡。

二、點心

 ◎蒸蛋	**材料**：四顆蛋、一湯匙牛乳。 **調味料**：高湯。 **做法**： 1. 將蛋打散，打勻的蛋汁加一湯匙的牛乳及少許鹽巴。 2. 一顆蛋加入兩倍量的高湯，故約加入八顆蛋份量的高湯。 3. 放入電鍋內蒸約十分鐘即可。 **營養分析**：蛋白質 29g、脂質 21g、醣類 1g。 **總熱量**：309 大卡。
 ◎馬鈴薯沙拉	**材料**：一個水煮蛋、半個小型的馬鈴薯。 **調味料**：兩匙美乃滋。 **做法**： 1. 先將馬鈴薯去皮切塊放入電鍋中蒸熟約十分鐘。 2. 冷水和蛋放入鍋中，水滾後再滾三分鐘即可熄火。 3. 煮熟後將蛋黃和蛋白分開，蛋白切小塊。 4. 把煮熟的馬鈴薯與蛋黃一起搗爛拌勻，再加入蛋白丁。 5. 最後加入兩匙美乃滋攪拌均勻即可。 **營養分析**：蛋白質 8g、脂質 10g、醣類 8g。 **總熱量**：154 大卡。
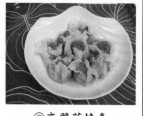 ◎高麗菜燒賣	**材料**：高麗菜四片、豬絞肉 35g、香菇 3g、胡蘿蔔 3g。 **調味料**：鹽巴少許、醬油少許、胡椒粉少許。 **做法**： 1. 將高麗菜葉洗淨放入電鍋中蒸熟；絞肉加入少許鹽巴、醬油及胡椒粉醃製，將絞肉捏成小團。 2. 取出高麗菜葉，將高麗菜葉放在保鮮膜撒上些許太白粉後包入豬絞肉，以保鮮膜包裹住捏成圓球狀，再將保鮮膜撕去排盤。 3. 放入電鍋內鍋中，外鍋放一杯水蒸熟即可。 **營養分析**：蛋白質 7g、脂質 10g、醣類 0g。 **總熱量**：118 大卡。

◎魚肉鑲豆腐

材料：新鮮豆腐 80g、旗魚 10g（無刺即可）、胡蘿蔔 3g、香菇 3g。

調味料：鹽巴、太白粉。

做法：

1. 將新鮮豆腐切成四塊，魚肉剁成細泥狀，胡蘿蔔去皮切小丁，香菇泡軟切小丁，與魚肉泥混合備用。

2. 將豆腐中間用湯匙挖一個洞，並用紙巾沾去多餘的水分。

3. 豆腐中的洞撒入少許的太白粉，再將魚餡填入豆腐，外鍋放一杯水蒸約七至十分鐘即可。

營養分析：蛋白質 6g、脂質 3g、醣類 0g。

總熱量：51 大卡。

◎蔬菜豆腐餅

材料：傳統豆腐 80g、高麗菜 3g、胡蘿蔔絲 3g。

調味料：鹽巴少許。

做法：

1. 先將高麗菜和胡蘿蔔洗淨切絲。

2. 將豆腐用紗布包起來擠出大部分的水分。

3. 將擠碎的豆腐加入胡蘿蔔和高麗菜絲，再用保鮮膜包起壓成圓餅狀，約手掌大小。

4. 熱鍋加一匙橄欖油，將豆腐餅放入油鍋中。

5. 把豆腐餅兩面煎成金黃色即可。

營養分析：蛋白質 3g、脂質 8g、醣類 0g。

總熱量：84 大卡。

◎健康薯片

材料：小型馬鈴薯一顆。

調味料：鹽巴少許。

做法：

1. 馬鈴薯削皮，切約 0.5 公分的厚度，均勻的撒上少許的鹽巴。

2. 將馬鈴薯片平均放置於烹調紙上，不可重疊，再放入微波爐內以中高溫微波約四至五分鐘即可取出。

營養分析：蛋白質 2g、脂質 0g、醣類 15g。

總熱量：68 大卡。

 ◎吐司披薩	材料：吐司一片、鳳梨 1/10、火腿一片、起司條 10g。 調味料：番茄醬 10g。 做法： 1. 鳳梨、火腿切片備用。 2. 將吐司塗上一層薄薄的番茄醬。 3. 吐司上平均放入火腿和鳳梨，最後撒上起司條。 4. 以中溫烤約五至七分鐘，呈現金黃色即可取出。 營養分析：蛋白質 4g、脂質 0g、醣類 56g。 總熱量：240 大卡。
 ◎水果拼盤	材料：當季新鮮的水果。 做法： 1. 把水果洗淨削皮切成適當大小，以冷開水沖洗過即可 　給幼兒食用。 營養分析：蛋白質少許、脂質 0g、醣類 0g。 總熱量：少許。
 ◎吐司壽司捲	材料：吐司一片、小型熱狗、海苔一片。 調味料：番茄醬 10g。 做法： 1. 先把熱狗與吐司放進烤箱中，以中溫烤約五分鐘。 2. 取出吐司後平均抹上些許番茄醬，包入熱狗。 3. 最後用海苔將吐司捲起來即可。 營養分析：蛋白質 9g、脂質 5g、醣類 33g。 總熱量：213 大卡。
 ◎和風蛋捲	材料：蛋兩顆、牛乳一匙。 調味料：番茄醬 10g、糖半匙、日式醬油半匙。 做法： 1. 將蛋汁打勻後加入牛乳一匙、糖半匙及日式醬油半 　匙。 2. 以餐巾紙沾少許油，均勻塗抹於平底鍋內並倒入蛋 　汁，將鍋底鋪滿。 3. 趁蛋汁尚未全熟，將蛋從鍋邊一層層的捲起成長條形 　蛋捲，用牙籤在千層蛋上戳洞，熱氣才能散出，否則 　蛋會變黑。 4. 用鍋鏟輕壓讓蛋捲更為扎實。 營養分析：蛋白質 14g、脂質 16g、醣類 3g。 總熱量：212 大卡。

 ◎牛乳雪泡	材料：牛乳一杯、香草冰淇淋一匙。 做法： 1. 牛乳與香草冰淇淋一杓倒入果汁機。 2. 在果汁機內攪拌至起泡均勻即可。 營養分析：蛋白質 8.5g、脂質 10g、醣類 15.5g。 總熱量：186 大卡。
 ◎南瓜湯	材料：南瓜 120g、牛乳一杯。 調味料：鹽巴。 做法： 1. 南瓜去皮切小塊放入電鍋中，以外鍋一杯水蒸熟。 2. 取出南瓜後，放入果汁機加入牛乳一杯，高速攪打均勻。 3. 打勻的南瓜液，放入鍋中以中小火慢滾並需不斷攪拌，滾後加入少許鹽巴調味即可食用。 營養分析：蛋白質 10g、脂質 8g、醣類 27g。 總熱量：220 大卡。
 ◎魔鬼蛋	材料：蛋一顆、葡萄乾少許。 調味料：沙拉醬。 做法： 1. 冷水和蛋同時放入鍋中，水滾後，續煮三分鐘即可熄火。 2. 將蛋對切取出蛋黃，與沙拉醬拌勻，再回填入蛋白，上面放葡萄乾即可。 營養分析：蛋白質 7g、脂質 7.5g、醣類 0g。 總熱量：95.5 大卡。
 ◎綠豆稀飯	材料：白粥 1/4 碗、半杯綠豆湯。 調味料：半匙砂糖。 做法： 1. 取半杯綠豆湯，加上 1/4 碗白粥，以爐火稍微滾過，再加入砂糖攪拌均勻即可。 ＊此粥品可冷熱兩飲。 營養分析：蛋白質 4g、脂質 0g、醣類 38g。 總熱量：168 大卡。

 ◎葡萄果凍	材料：葡萄七顆、吉利丁片兩片、冷開水一杯。 調味料：砂糖半匙。 做法： 1. 吉利丁片放入冰水中泡軟擠乾。 2. 冷開水加熱後，將砂糖溶化。 3. 葡萄洗淨放入果汁機中，加入做法2攪拌均勻，並過濾殘渣，趁熱融入吉利丁片，攪拌使吉利丁片溶化，分裝在容器內冷藏二至三小時。 4. 可放些水果丁在葡萄果凍上，會更好吃。 ＊此配方為一份兩杯。 營養分析：蛋白質0g、脂質0g、醣類15g。 總熱量：60大卡。
 ◎奶酪	材料：鮮乳一杯、鮮奶油50g、糖兩匙、吉利丁片兩片。 做法： 1. 將鮮乳、鮮奶油與糖混合，加熱至約四十到五十度，以手摸起來稍感微熱。 2. 吉利丁片泡入冰水中泡軟擠乾。 3. 將做法1、2.混合攪拌使吉利丁片溶化，分裝在容器內冷藏二至三小時即可。食用時加上些許玉米片，口感更特殊。 ＊此配方為一份三杯。 營養分析：蛋白質6g、脂質14g、醣類22g。 總熱量：238大卡。
 ◎生菜沙拉	材料：紫萵苣、羅蔓葉、西洋芹、竹筍、小黃瓜、胡蘿蔔。 做法：將材料洗淨，依個人喜愛切片、切絲或切條，以食用開水沖洗後，可放入冰箱內冰鎮約三十分鐘，取出可加入各式堅果類、白煮蛋、水煮雞肉絲或起司，淋上各式沙拉醬均勻攪拌後即可食用（有些食材須煮熟後才可食用）。 營養分析：蛋白質7g、脂質8g、醣類少許。 總熱量：約105大卡。 ＊生菜沙拉醬汁

- 日式酸醋醬：將柴魚醬油、壽司醋與檸檬汁以 2：1：1 的比例調配，再加入少許麻油拌勻即可。
- 義大利油醋醬：將橄欖油與白酒醋以 3：1 的比例調配，再加上巴西里末、洋蔥末及少許鹽巴即可。
- 日式和風醬汁：將柴魚醬油、味醂與高湯以 2：1：1 的比例調配即可。
- 草莓沙拉醬：市售美乃滋與草莓醬以 2：1 的比例調配即可。
- 百香果沙拉醬：市售美乃滋與百香果汁以 2：1 的比例調配即可。
- 優格沙拉醬：千島沙拉醬、優酪乳以 2：1 的比例調配，再加入少許檸檬汁即可。
- 橙香沙拉醬：市售美乃滋與柳橙汁以 5：1 的比例調配，再加入柳橙果肉丁與少許檸檬汁即可。
- 花生麻醬：將花生醬與芝麻醬以 1：1 的比例調配，再加入少許糖、鹽與香油拌勻即可。

＊小撇步：也可加入各式水果，使口感更為豐富！

三、正餐

◎三彩蝦仁餐

配菜：炒絞肉、青江菜。

材料：蝦仁六隻、紅椒 1/4 個、黃椒 1/4 個。

調味料：鹽少許、太白粉少許、雞粉少許。

做法：

1. 蝦仁去腸泥加入太白粉或鹽巴，抓一抓洗淨去除黏膩感。
2. 紅、黃椒切小塊。
3. 熱鍋加入一匙橄欖油，放入蝦仁及紅、黃椒塊，加入鹽巴及雞粉調味，炒拌均勻即可。

配菜做法：

1. 炒絞肉：熱鍋加少許橄欖油將絞肉爆香，加入洋蔥丁和少許鹽拌炒即可。
2. 青江菜：水滾後燙熟，淋上醬油即可食用。

主餐加半碗白飯之營養分析：蛋白質 11g、脂質 13g、醣類 30g。

總熱量：281 大卡。

＊小撇步：蝦仁用鹽巴去除黏膩感後，食用時會更加爽口！

◎烤透抽餐

配菜：冷凍三色蔬菜（玉米、青豆、胡蘿蔔）、茭白筍。

湯品：香菇雞湯。

材料：透抽 65g、薑絲 3g。

調味料：醬油適量、米酒少許。

做法：

1. 透抽洗淨切小塊，灑上少許米酒及薑絲，以醬油調味。

2. 烤箱預熱 180℃，烤十至十五分變硬成不透明狀即可。

配菜做法：

1. 三色蔬菜：熱鍋加入少許橄欖油，將三色蔬菜與少許鹽巴放入鍋內拌炒即可。

2. 茭白筍：熱鍋加入少許橄欖油，胡蘿蔔絲先爆香，再放入茭白筍及少許高湯，最後以鹽巴調味即可。

湯品做法：

1. 香菇泡水至軟備用；雞肉汆燙去血水備用。

2. 將香菇、雞肉放入電鍋中，加水蓋住雞肉，外鍋倒入兩杯水，蒸熟之後再加以調味即可（備註：以電鍋烹調較為方便且省時）。

主餐加半碗白飯之營養分析：蛋白質 10g、脂質 3g、醣類 30g。

總熱量：187 大卡。

＊小撇步：透抽需切成約一口大小，食用時提醒孩子咀嚼久一點，可訓練孩子咀嚼的能力唷！

◎清蒸鱈魚餐

配菜：豌豆、炒蛋、炒絞肉。

材料：鱈魚一塊約 50 克、青蔥一段。

調味料：米酒少許、鹽巴少許、香油少許。

做法：

1. 鱈魚洗淨，加入米酒、鹽巴及青蔥醃製。

2. 電鍋外鍋放入約一杯份量的水，將鱈魚放入蒸熟。

3. 青蔥切細絲，起鍋前加入一點香油及青蔥絲即可。

配菜做法：

1. 豌豆：熱鍋加少許橄欖油，先將胡蘿蔔絲爆香，再放入豌豆和鹽拌炒一下即可。

2. 炒蛋：熱鍋加少許橄欖油，打蛋下去並加少許鹽炒一下即可。

3. 炒絞肉：熱鍋加少許橄欖油將絞肉爆香，加入洋蔥丁和少許鹽拌炒即可。

主餐加半碗白飯之營養分析：蛋白質 11g、脂質 10g、醣類 30g。

總熱量：254 大卡。

＊小撇步：雖然鱈魚刺較大根，但仍需提醒孩子注意。

◎烤紅椒餐

配菜：和風蛋捲、馬鈴薯泥、綠花椰菜。
材料：紅椒一個、絞肉 30g、香菇兩朵、蝦米 5g、起司絲 10g。
調味料：醬油少許、胡椒粉少許、香油少許。
做法：
1. 香菇切丁，蝦米泡水。
2. 熱鍋加入一匙橄欖油，絞肉爆香，香菇丁及蝦米再加入絞肉，拌炒、調味。
3. 紅椒切去頭部 1/3 處並切對半，中心的籽需去除，填入肉末後，鋪上起司絲，放入烤箱約六分鐘，表面呈金黃色即可盛盤取出。

配菜做法：
1. 和風蛋捲：參考點心類和風蛋捲做法。
2. 馬鈴薯泥：參考點心類馬鈴薯沙拉做法。
3. 綠花椰菜：水滾後，加入綠花椰菜汆燙熟，再淋上醬油即可。

主餐加半碗白飯之營養分析：蛋白質 16g、脂質 12.5g、醣類 30g。
總熱量：296.5 大卡。
＊**小撇步**：餐點造型特殊，對於不敢吃紅椒的孩子，此道餐點是不錯的選擇。

◎高麗菜飯

湯品：肉羹湯。
材料：米 1/2 杯、高麗菜 5g、蝦米 5g、香菇 5g、豬肉 5g、乾魷魚 5g、蒜苗少許。
調味料：醬油少許、水少許。
做法：
1. 米先泡兩小時備用；蒜苗、高麗菜洗淨，切絲備用；蝦米、香菇及乾魷魚泡水至軟切絲備用，豬肉切絲。
2. 熱鍋加入一匙橄欖油，將蒜苗、蝦米、香菇絲、肉絲、乾魷魚爆香。
3. 洗好的白米做底加入 1/2 杯水（白米與水的比例為 1：1，高湯亦可），第二層是炒過的配料，再放高麗菜絲翻炒一下即可撈起放在電鍋中，以外鍋一杯水蒸煮即可。

湯品做法：
1. 豬里肌肉切絲，以鹽巴、米酒及薑末醃製一下，在表面均勻沾裹一層太白粉。
2. 利用高湯煮沸，放入香菇絲、胡蘿蔔絲，也可以加些青脆的蔬菜類（例如木耳或是金針菇），以醋、醬油加以調味後再放入豬肉絲，最後以太白粉水勾芡，可加上一點白胡椒、香油或香菜帶出香味即可。

高麗菜飯營養分析：蛋白質 11g、脂質 4g、脂類 30g。
總熱量：200 大卡。
＊**小撇步**：將青菜拌於飯中，可避免孩子挑食情況產生。

◎烤雞腿餐

配菜：綠花椰菜、馬鈴薯泥。

湯品：青菜豆腐湯。

材料：雞小腿 40g、蔥。

調味料：醬油少許、香油少許、胡椒粉少許、米酒少許。

做法：

1. 將雞小腿洗淨，去骨備用。

2. 用適量醬油、香油、胡椒粉、米酒醃製雞腿。

3. 烤箱預熱，約烤八分鐘，用筷子試戳不沾黏，表面呈金黃色即可。

配菜做法：

1. 綠花椰菜：水滾後燙熟，淋上醬油即可食用。

2. 馬鈴薯泥：參考點心類馬鈴薯沙拉做法。

湯品做法：利用高湯煮沸，加入白菜、豆腐和少許鹽，滾約三至五分鐘即可。

主餐加半碗白飯之營養分析：蛋白質 11g、脂質 8g、醣類 30g。

總熱量：236 大卡。

＊小撇步：將雞腿對半切開，醃製時容易入味，也可使烹調時間簡短。

◎滑蛋肉片餐

配菜：綠花椰菜。

湯品：青菜豆腐湯。

材料：蛋一顆、里肌肉 35g。

調味料：日式醬油少許、味醂少許、太白粉少許。

做法：

1. 起一乾鍋，加入約半碗高湯，肉片先以太白粉醃製。

2. 水滾後加入肉片一起煮，加入所有調味料後再加入少許太白粉水勾芡，蛋打散淋在肉片上，再用鏟子滑動，滾開即可。

配菜做法：

1. 綠花椰菜：水滾後，加入綠花椰菜汆燙熟，再淋上醬油即可。

湯品做法：利用高湯煮沸，放入白菜、豆腐和少許鹽，滾約三至五分鐘即可。

主餐加半碗白飯之營養分析：蛋白質 19g、脂質 20g、醣類 30g。

總熱量：376 大卡。

＊小撇步：以逆紋切肉片，可使肉片較易嚼碎，也可使用太白粉醃製，肉片會較滑嫩可口。

◎茄汁魚塊餐

配菜：綠花椰菜、高麗菜。

湯品：貢丸湯。

材料：旗魚一片35g、紅椒適量、黃椒適量、番茄醬10g。

調味料：鹽巴少許、胡椒粉少許、太白粉適量、糖少許、醋少許。

做法：

1. 將旗魚洗淨，切成約一口大小，以胡椒粉及鹽巴醃漬，紅、黃椒也洗淨切片備用。

2. 燒熱油鍋，將紅、黃椒過油，旗魚沾太白粉半煎炸至八分熟。

3. 起另一鍋，將番茄醬、糖、醋及一點水燒開，再加入紅、黃椒及旗魚拌炒，滾開至魚片熟透後，可加入些許太白粉水勾芡即可起鍋。

配菜做法：

1. 綠花椰菜、高麗菜燙熟淋上醬油即可。

湯品做法：先將高湯滾開，放入貢丸，使用少許鹽巴調味，起鍋前加入一些香油及芹菜末即可。

主餐加半碗白飯之營養分析：蛋白質12g、脂質8g、醣類32g。

總熱量：248大卡。

＊小撇步：旗魚較乾澀，也可替換成其他較無刺的魚類，例如鯛魚。

◎醬爆雞丁餐

配菜：綠花椰菜、水波蛋、高麗菜

湯品：青菜豆腐湯

材料：雞胸肉半副、蔥少許、蛋一顆。

調味料：甜麵醬兩匙、醬油適量、水適量、糖適量、太白粉少許。

做法：

1. 先將雞胸肉切小塊，蔥洗淨切段備用。

2. 用蛋、太白粉醃製雞胸肉。

3. 熱油鍋，將蔥白爆香，再放入雞胸肉及所有調味料，起鍋前拌入蔥綠即可。

配菜做法：

1. 綠花椰菜：燙熟淋上醬油即可。

2. 水波蛋：水滾後加入一些白醋，打蛋下鍋，煮熟撈出即可。

3. 高麗菜：熱鍋加入少許橄欖油，放入胡蘿蔔絲及高麗菜葉，拌炒調味後即可。

湯品做法：利用高湯煮沸，放入白菜、豆腐和少許鹽，滾約三至五分鐘即可。

主餐加半碗白飯之營養分析：蛋白質18g、脂質8g、醣類38g。

總熱量：296大卡。

＊小撇步：雞胸肉去皮，可減少熱量攝取唷！

◎烤肉餐

配菜：和風蛋捲、綠花椰菜。

湯品：青菜豆腐湯。

材料：五花肉 30g、高麗菜 10g。

調味料：烤肉醬少許。

做法：

1. 五花肉切薄片，高麗菜洗淨備用。

2. 五花肉均勻沾上烤肉醬，放入烤箱內。

3. 烤至熟透即可，不可呈焦狀。

4. 高麗菜包入五花肉即可食用。

配菜做法：

1. 和風蛋捲：參考點心類和風蛋捲做法。

2. 綠花椰菜：水滾後，加入綠花椰菜汆燙熟，再淋上醬油即可。

湯品做法：利用高湯煮沸，放入白菜、豆腐和少許鹽，滾約三至五分鐘即可。

主餐加半碗白飯之營養分析：蛋白質 8.2g、脂質 6g、醣類 30g。

總熱量：206.8 大卡。

＊小撇步：由於高麗菜葉是生吃，故高麗菜洗淨後，必須以食用開水沖洗，並注意衛生。

◎糖醋里肌餐

配菜：金針菇、綠花椰菜。

湯品：貢丸湯。

材料：里肌肉 35g，蒜頭三顆，紅、黃椒 1/4 個，蕃薯粉適量。

調味料：醬油一匙、紅糖一匙、黑醋半匙。

做法：

1. 將里肌肉及紅黃椒洗淨，切成一口大小備用，蒜頭切末備用。

2. 里肌肉沾蕃薯粉後，入鍋煎炸至完全熟透。

3. 熱鍋將全部調味料及蒜頭加入，滾後加入里肌肉及紅黃椒，拌炒一下即可起鍋。

配菜做法：金針菇、綠花椰菜燙熟淋上醬油即可。

湯品做法：先將高湯滾開，放入貢丸，使用少許鹽巴調味，起鍋前加入一些香油及芹菜末即可。

主餐加半碗白飯之營養分析：蛋白質 11g、脂質 15g、醣類 45g。

總熱量：359 大卡。

＊小撇步：油量的控制需注意，不宜過多。

◎薑燒豬肉餐

配菜：豌豆。

湯品：青菜豆腐湯。

材料：豬五花肉 30g、老薑少許、蔥絲少許。

調味料：日式醬油一匙、味醂 1/3 匙、糖半匙。

做法：

1. 豬五花肉切片備用，老薑磨成泥狀約一湯匙，蔥切絲備用。

2. 熱鍋放入豬五花肉片及薑泥爆炒，半熟時加入所有調味料，等待湯汁稍微收乾，起鍋前撒入適量蔥絲即可。

配菜做法：熱鍋加入少許橄欖油，先將胡蘿蔔絲爆香，再加入豌豆和鹽拌炒一下即可。

湯品做法：利用高湯煮沸，加入白菜、豆腐和少許鹽，滾約三至五分鐘即可。

主餐加半碗白飯之營養分析：蛋白質 10g、脂質 11g、醣類 38g。

總熱量：291 大卡。

＊小撇步：使用薑汁時搭配少許糖，可壓過薑汁獨特辛辣味。

◎鳳梨蝦球餐

配菜：茭白筍、炒豆乾。

湯品：香菇雞湯。

材料：鳳梨 12g、蝦仁六隻。

調味料：沙拉醬一匙。

做法：

1. 將鳳梨切適當大小備用。

2. 蝦仁加入少許太白粉或鹽巴抓洗去除黏膩感。

3. 將蝦仁背部切開去除腸泥，燙熟備用。

4. 燙熟的蝦仁、鳳梨和一匙沙拉醬拌勻，擺盤後，撒上巧克力米即可。

配菜做法：

1. 茭白筍：熱鍋加入少許橄欖油，將胡蘿蔔絲先爆香，再放入茭白筍和鹽巴拌炒即可。

2. 炒豆乾：將培根爆香，放入豆乾丁和少許醬油拌炒即可。

湯品做法：

1. 香菇泡水至軟備用；雞肉汆燙去血水備用。

2. 將香菇、雞肉放入電鍋中，加水蓋住食材，外鍋倒入兩杯水，蒸熟之後再加以調味即可。

主餐加半碗白飯之營養分析：蛋白質 11g、脂質 3g、醣類 35g。

總熱量：211 大卡。

＊小撇步：1. 沙拉醬熱量極高，食用時需注意份量。

　　　　　2. 香菇雞湯以電鍋烹煮較方便且省時。

◎蒜泥蒸肉餐

配菜：綠花椰菜、高麗菜及水波蛋。

材料：豬絞肉 35g、蒜頭五顆、蛋白 1/4 顆。

調味料：醬油適量、香油適量、太白粉少許、胡椒粉適量、米酒適量。

做法：

1. 將豬絞肉剁成泥狀備用。
2. 蒜頭洗淨剝除外皮，剁成蒜末備用。
3. 豬絞肉加入蒜末、少許太白粉、蛋白與全部調味料順同一方向攪拌至黏稠狀，放入電鍋蒸約十五分鐘即可。

配菜做法：

1. 高麗菜：熱鍋加入少許橄欖油，放入胡蘿蔔絲及高麗菜葉，拌炒調味後即可。
2. 綠花椰菜：水滾後燙熟，淋上醬油即可食用。
3. 水波蛋：水滾後加入一些白醋，打蛋下鍋，煮熟撈出即可。

主餐加半碗白飯之營養分析：蛋白質 12g、脂質 15g、醣類 30g。

總熱量：303 大卡。

＊小撇步：肉泥內加入蛋白或太白粉，較可保持軟嫩。

◎烤鮭魚餐

配菜：綠花椰菜、豌豆、炒蛋。

湯品：青菜豆腐湯。

材料：切片鮭魚一片 35g。

調味料：蒜頭奶油醬半匙。

蒜頭奶油醬：蒜頭少許、巴西里少許、杏仁片少許、胡椒鹽少許、奶油少許。

蒜頭奶油醬做法：

1. 蒜頭、巴西里洗淨，杏仁片烤過備用。
2. 將奶油放入微波爐中以中高溫微波一分鐘使其軟化，成半液體狀。

3. 將蒜頭、巴西里、杏仁片、胡椒鹽及奶油放入果汁機內，攪拌均勻即可。
4. 可放於冷凍庫中保存。

主菜做法：

1. 鮭魚洗淨，抹上適量蒜泥醬。
2. 烤箱預熱 180℃，烤十至十五分，以筷子插入，魚肉不沾黏即是熟透。
3. 食用時，可依個人喜好，撒上適量的胡椒粉。

配菜做法：

1. 綠花椰菜：水滾後放入花椰菜燙熟，淋上一些醬油即可。
2. 豌豆：熱鍋加入少許橄欖油，先將胡蘿蔔絲爆香，再放入豌豆和鹽拌炒一下即可。
3. 炒蛋：熱鍋加入少許橄欖油，打蛋拌炒一下即可。

湯品做法：利用高湯煮沸，放入白菜、豆腐和少許鹽滾約三至五分鐘即可。

主餐加半碗白飯之營養分析：蛋白質 12g、脂質 7.5g、醣類 30g。

總熱量：235.5 大卡。

＊小撇步：蒜泥奶油醬可一次大量製作，再分裝保存於冷凍庫中。塗抹於法國麵包放入烤箱中烹調，也相當美味唷！

◎千島醬餐

配菜：水煮蛋、透抽、A 菜、熱狗。

湯品：紫菜湯。

材料：白飯半碗、千島醬一匙、火腿一片。

做法：

1. 火腿切丁備用。
2. 將一匙的千島醬放入燒熱的鍋中，以小火烹煮，再加入火腿丁，最後加入白飯拌炒，若覺味道不足，可加些番茄醬。

配菜做法：

1. 水煮蛋：參考魔鬼蛋做法。
2. 透抽：透抽先洗淨切小塊，抹上少許的醬油，烤箱預熱 180℃，烤十至十五分變硬成不透明狀即可。
3. 熱狗可同時與透抽放入烤箱內烤約五至七分鐘即可。
4. A 菜：水滾後，將 A 菜放入汆燙熟，淋上一些醬油即可。

湯品做法：將高湯煮沸，放入薑絲及紫菜滾後可打入蛋花，再加以調味，煮三至五分鐘即可。

主餐加半碗白飯之營養分析：蛋白質 4g、脂質 3g、醣類 30g。

總熱量：163 大卡。

＊小撇步：1. 千島醬即為油、醋與番茄醬所組成，故烹調時不需加入烹調用油。
　　　　　2. 薑絲可去除紫菜腥味。

◎清炒海瓜子餐

配菜：茭白筍、蝦仁。

湯品：香菇雞湯。

材料：蔥少許、薑少許、蒜少許、海瓜子六顆、九層塔少許。

調味料：蠔油一匙、香油少許。

做法：

1. 蔥、蒜、薑洗淨切末備用。
2. 熱鍋加入一匙橄欖油，蔥、蒜、薑末先爆香。

3. 將海瓜子加入和蠔油一起拌炒，直到大部分海瓜子開了之後就可加入九層塔，炒拌一下，再以香油點香即可。

配菜做法：

1. 茭白筍：熱鍋加入少許橄欖油，將胡蘿蔔絲先爆香，再放入茭白筍和鹽巴拌炒即可。
2. 蝦仁：蝦仁去腸泥洗淨後燙熟，加入少許沙拉醬即可。

湯品做法：

1. 香菇泡水至軟備用；雞肉汆燙去血水備用。
2. 將香菇、雞肉放入電鍋中，加水蓋住食材，外鍋倒入兩杯水，蒸熟之後再加以調味即可。

主餐加半碗白飯之營養分析：蛋白質 11g、脂質 8g、醣類 30g。

總熱量：236 大卡。

＊小撇步：1. 海瓜子須先吐沙，較不易影響口感。若炒時太乾再加少許水。切記勿悶煮，否則肉易老。
　　　　　2. 香菇雞湯以電鍋烹煮較方便且省時。

◎紅燒豆腐餐

湯品：南瓜湯。

材料：板豆腐 40g、蔥、里肌肉 10g、青豆仁 5g。

調味料：醬油少許、太白粉少許、番茄醬少許。

做法：

1. 板豆腐、里肌肉切片；蔥切段及青豆仁洗淨備用。

2. 板豆腐沾太白粉，入鍋煎至雙面呈金黃色，盛起備用。

3. 熱鍋加入一匙橄欖油，爆香蔥段再加入里肌肉片和青豆仁拌炒。

4. 加入煎過的板豆腐調入水、醬油及番茄醬，再以少許太白粉水勾芡即可。

湯品做法：參考點心類南瓜湯之做法。

主餐加半碗白飯之營養分析：蛋白質 12g、脂質 10g、醣類 30g。

總熱量：258 大卡。

＊小撇步：使用板豆腐沾粉略煎成金黃色較不易碎裂。

◎和風咖哩餐

材料：雞胸肉 30g、小型洋蔥半顆、小型馬鈴薯半顆、小型胡蘿蔔半顆。

調味料：市售咖哩塊一塊。

做法：

1. 所有材料切成小塊備用。

2. 使用熱水將咖哩塊融化備用。

3. 熱鍋加入少許橄欖油，先爆香洋蔥至焦黃色，接著放入馬鈴薯及胡蘿蔔。

4. 加入水約 500c.c.悶煮至八分熟，加入融化之咖哩塊，再加入雞胸肉，滾至所有材料熟透即可。

主餐加半碗白飯之營養分析：蛋白質 12g、脂質 16g、醣類 39g。

總熱量：348 大卡。

＊小撇步：也可加入少許蘋果塊或是椰漿，口味更獨特滑潤。

◎雞肉燴飯

配菜：豌豆。

材料：雞胸肉 10g、洋蔥 5g、胡蘿蔔 5g。

調味料：醬油少許、米酒少許、香油少許、太白粉少許。

做法：

1. 雞胸肉切片用少許醬油、米酒、香油及太白粉醃製。

2. 熱鍋加一匙橄欖油，將洋蔥爆香再加入胡蘿蔔切片與高湯，等滾熟後再加入雞肉片，起鍋前再勾芡以香油點香即可。

配菜做法：熱鍋加入少許橄欖油，先將胡蘿蔔絲爆香，再放入豌豆和鹽巴拌炒一下即可。

主餐加半碗白飯之營養分析：蛋白質 6g、脂質 6g、醣類 30g。

總熱量：198 大卡。

＊小撇步：胡蘿蔔切成各種可愛圖案，孩子會更愛吃唷！

◎親子丼

配菜：青江菜。

材料：白飯半碗、雞腿肉 30g、蛋一顆、洋蔥 10g、蔥花。

調味料：日式醬油少許、味醂少許、糖少許、鹽少許。

做法：

1. 洋蔥洗淨、雞腿去骨，皆切絲備用。

2. 熱鍋加一匙橄欖油，爆香洋蔥炒至洋蔥軟化，加入所有的調味料及雞絲，雞絲熟後，加入蛋花滾後即可撒上蔥花起鍋。

3. 白飯鋪底，淋上料即是日式親子丼。

配菜做法：水滾後，放入青江菜燙熟，淋上一些醬油即可。

主餐加半碗白飯之營養分析：蛋白質 17g、脂質 11g、醣類 38g。

總熱量：319 大卡。

＊小撇步：起鍋前加入少許炒過的白芝麻，味道會更迷人唷！

◎三色炒飯

湯品：香菇雞湯。

材料：白飯半碗、高麗菜 3g、玉米粒 1/2 杯、青豆 3g、培根一片、胡蘿蔔 3g。

調味料：鹽少許、醬油少許。

做法：

1. 培根切丁備用；高麗菜洗淨，切絲備用。

2. 先熱鍋加入一匙橄欖油，將培根放進鍋內爆香，再將三色蔬菜（玉米、青豆、胡蘿蔔）放進鍋內一起拌炒。

3. 炒熟之後加入白飯及高麗菜，起鍋前加所有調味料拌炒一下即可起鍋。

湯品做法：

1. 香菇泡水至軟備用；雞肉汆燙去血水備用。

2. 將香菇、雞肉放入電鍋中，加水蓋過雞肉，外鍋倒入兩杯水，蒸熟之後再加以調味即可。

主餐加半碗白飯之營養分析：蛋白質 7g、脂質 6g、醣類 45g。

總熱量：262 大卡。

＊**小撇步**：1. 可將孩子不愛吃的食物切碎加入其中，便可讓孩子在不知不覺中吃下肚囉！

2. 香菇雞湯以電鍋烹煮較方便且省時。

◎海鮮粥

材料：蝦仁三隻、花枝 5g、蛤蜊 5g、小白菜 3g、白粥半碗、薑絲 1g。

調味料：鹽巴少許。

做法：

1. 將蛤蜊泡在鹽水中，使其吐沙後取出備用。

2. 小白菜洗淨切段、花枝切小塊備用。

3. 蝦仁加入一些太白粉或鹽巴，抓洗去除黏膩感，再將蝦仁背部切開去腸泥。

4. 取半碗高湯，將薑絲、蛤蜊、蝦仁、花枝煮熟調味後加入白粥，煮滾後加少許鹽巴調味即可食用。

主餐加半碗白粥之營養分析：蛋白質 6.7g、脂質 2.04g、醣類 15g。

總熱量：105.44 大卡。

＊**小撇步**：煮海鮮料理時，可使用牛、豬或雞高湯，海鮮類與家畜類的搭配會相當協調對味。

◎義大利肉醬麵

材料：義大利麵 40g、紅番茄兩個、絞肉 100g、巴西里切末 1/2 小匙。

調味料：鹽少許、糖半匙、醬油一匙、番茄醬 10g。

肉醬做法：

1. 紅番茄洗淨去蒂後放入冷凍庫使其結冰，取出後放入塑膠袋內以肉槌將其搗成碎泥狀。

2. 鍋內加兩匙橄欖油，將絞肉炒散，再加入番茄碎泥及番茄醬，拌炒後加入少許水及鹽、糖、醬油，煮開後，以小火熬煮至濃稠汁液狀，即是一份番茄肉醬，一份肉醬可做兩份餐點。

做法：水滾後放入義大利麵續煮八分鐘左右（加入鹽巴可較快熟），去除水分置於盤中，淋上半份番茄肉醬，撒上巴西里末即可食用。

主餐加半碗麵之營養分析：蛋白質 14g、脂質 19g、醣類 33g。

總熱量：359 大卡。

＊**小撇步**：一次可做大量肉醬保存於冷凍庫中備用。

◎義大利肉醬焗麵

材料：義大利麵 40g、起司絲 10g。

調味料：番茄肉醬少許。

做法：

1. 參考番茄肉醬做法。

2. 水滾後放入義大利麵續煮八分鐘左右（加入鹽巴可較快熟），去除水分。

3. 將半份肉醬拌入麵條中，把拌好的義大利麵放入碗盤中，麵條上撒點起司絲，放入烤箱以高溫烤約五至六分鐘，表面呈金黃色即可。

配菜做法：把花椰菜放入滾水中，燙熟後擺放於義大利麵上一起放入烤箱即可。

主餐加半碗麵之營養分析：蛋白質 16.6g、脂質 21g、醣類 33.5g。

總熱量：389.4 大卡。

＊**小撇步**：義大利麵條種類繁多，可不時替換，如天使細麵、通心麵、貝殼麵或蝴蝶麵等，讓孩子對用餐更感興趣。

◎白醬義大利麵／飯

材料：奶油 60ml、中筋麵粉四大匙、全脂牛乳兩杯。

做法：

1. 先將奶油放入可微波的碗中，以中高溫微波一分鐘使奶油融化，後加入等量的中筋麵粉，攪拌均勻變成糊狀，再加入兩杯鮮乳，略微攪拌後，放入微波爐中以中高溫微波約五分鐘。

2. 取出後趁熱拌勻即就是一份白醬，一份白醬可做五份餐點，白醬可冷藏保存，但白醬降溫後會顯得較為濃稠，只要加溫即可恢復，料理時可依個人需要加入適量牛乳或高湯稀釋。

主餐加半碗麵之營養分析：蛋白質 20g、脂質 41g、醣類 54g。

總熱量：665 大卡。

*小撇步：白醬用途相當多，例如可用來焗烤馬鈴薯或煮玉米濃湯，會變得非常香濃可口喔！

◎奶油蛤蜊焗飯

材料：蛤蜊十一顆、菠菜 5g、白飯半碗、蒜片五片、起司絲 10g。

調味料：自製白醬 1/5 份、鹽巴、胡椒粉。

做法：

1. 將蛤蜊放入鹽水中吐沙後，放入滾水中燙熟便可撈起備用。

2. 將菠菜洗淨切段，燙熟並加些許鹽巴鋪在烘烤盤內。

3. 第二層鋪上半碗白飯。

4. 熱鍋爆香蒜片，加入高湯及 1/5 份自製白醬淋在飯上並放上蛤蜊，再撒上起司絲放入烤箱，以高溫烤約五至六分鐘，表面呈金黃色即可。

*取出時烘烤盤溫度很高，食用時需小心。

主餐加半碗白飯之營養分析：蛋白質 15g、脂質 22g、醣類 41g。

總熱量：422 大卡。

*小撇步：起司絲的熱量頗高，需適量攝取；青菜量可多增加一些會更健康喔！

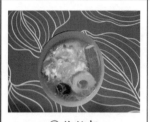

◎雞絲麵

材料：雞蛋一顆、雞絲麵一份、香菇 3g、魚板一片、
　　　蟹肉棒一根、高麗菜 3g。

調味料：鹽少許、胡椒粉少許、油蔥末少許。

做法：

1. 香菇泡軟切絲；高麗菜洗淨切適當大小備用。
2. 將香菇、魚板、蟹肉棒、高麗菜依序放入高湯中並以
　 鹽巴、胡椒粉、油蔥末加以調味，湯滾後，加入雞絲
　 麵與雞蛋續煮約兩分鐘熟成後即可。

主餐加一份麵之營養分析：蛋白質 17.5g、脂質 8g、醣類 17g。

總熱量：210 大卡。

＊小撇步：配料可依喜好自行搭配。

◎海鮮炒麵

湯品：味噌湯。

材料：麵條 1/2 碗、蛤蜊十一個、香菇 3g、透抽 5g、
　　　小白菜 3g。

調味料：醬油少許、鹽少許、香油少許。

做法：

1. 將蛤蜊泡在鹽水中，使其吐沙後取出備用。
2. 小白菜洗淨切段、花枝切小塊備用。
3. 香菇泡軟切絲備用。
4. 滾一鍋水，將麵條燙熟備用。
5. 熱另一鍋加一匙橄欖油，將香菇爆香後再將透抽、蛤蜊放進去炒至半熟，加入
　 半匙醬油及少許鹽巴，全炒熟後將燙熟的麵加入一起拌炒，起鍋前再將小白菜
　 放入，即可上菜。

湯品做法：將豆腐切塊備用，將味噌調入些許熱水使其化開，水滾後加入味噌
　　　　　水、豆腐、柴魚和少許鹽巴，再滾後加入蔥花即可。

主餐加半碗麵之營養分析：蛋白質 6g、脂質 6.73g、醣類 15g。

總熱量：144.6 大卡。

＊小撇步：麵條燙熟後，可以冷水沖洗，麵條會更 Q 更有彈性。

◎什錦湯麵

材料：麵條 1/2 碗、香菇 3g、蛤蜊十一個、小白菜 3g、
　　　魚板一片、蟹肉棒一個、胡蘿蔔 3g。

調味料：鹽巴少許。

做法：

1. 將蛤蜊泡在鹽水中，使其吐沙後取出備用。
2. 小白菜洗淨切段、胡蘿蔔切絲備用。
3. 香菇泡軟切絲備用。
4. 滾一鍋水，將麵條燙七分熟備用。
5. 以半碗高湯加入香菇、胡蘿蔔、蛤蜊、魚板、蟹肉棒和少許的鹽巴，再放入麵
   條及小白菜，最後盛入碗中即可。

主餐加半碗麵之營養分析：蛋白質 5.68g、脂質 1.58g、醣類 15g。

總熱量：97 大卡。

＊小撇步：配料也可加入魚、肉羹，湯頭會更加鮮甜。

◎餛飩麵

材料：油麵 1/2 碗、餛飩四顆、A 菜 3g、高湯一碗。

調味料：鹽巴少許。

做法：

1. 菜洗淨切段備用。
2. 取一碗高湯，水滾後將餛飩放入煮約兩分鐘加入少許
   鹽巴調味，依序再放入油麵及 A 菜，煮約三分鐘即
   可。

主餐加半碗麵之營養分析：蛋白質 12g、脂質 7g、醣類 32g。

總熱量：239 大卡。

＊小撇步：麵條可使用乾麵條或油麵。

◎炒板條

湯品：貢丸湯。

材料：蒜苗 3g、香菇 5g、肉絲 5g、蝦米 5g、豆芽菜 5g、板條 1/2 碗。

調味料：醬油少許。

做法：

1. 蝦米泡軟；香菇泡軟後切絲；蒜苗、豬肉洗淨切絲；豆芽菜洗淨備用；板條切條備用。

2. 熱鍋加入一匙橄欖油，將蒜苗、香菇絲、蝦米爆香，再加入肉絲。

3. 炒熟後加少許醬油及水，水滾後放入板條以中小火拌炒，最後再加豆芽菜蓋鍋悶煮一下即可。

湯品做法：利用高湯煮沸，加入貢丸、薑絲和少許鹽巴滾約三至五分鐘即可。

主餐加半碗板條之營養分析：蛋白質 5g、脂質 7g、醣類 15g。

總熱量：143 大卡。

＊小撇步：1. 切板條時，菜刀可沾些水，較不會沾黏。

　　　　　2. 水滾後再將板條放入，可避免糊化。

◎蛋包飯

配菜：綠花椰菜、馬鈴薯泥。

材料：火腿一片、蛋一顆、蔥、白飯半碗。

調味料：鹽巴少許、番茄醬 10g。

做法：

1. 將火腿切丁、蔥切丁備用。

2. 熱鍋加入一匙橄欖油，將火腿爆香，加入白飯炒至鬆散狀即可加鹽巴及適量番茄醬，炒勻加入蔥花，盛起備用。

3. 將蛋打勻，熱另一油鍋煎成蛋餅狀，將炒飯包入即可盛盤，食用時可依個人口味加入番茄醬。

配菜做法：

1. 綠花椰菜：水滾後燙熟，淋上醬油即可食用。

2. 馬鈴薯泥：參考點心馬鈴薯沙拉做法。

主餐加半碗白飯之營養分析：蛋白質 11g、脂質 11g、醣類 32g。

總熱量：271 大卡。

＊小撇步：打蛋時，加入少許牛乳或鮮奶油，蛋皮會煎得更完美！

◎壽司

材料：白飯半碗、海苔、肉鬆 5g、小黃瓜一段、胡蘿
　　　蔔一段。

調味料：壽司醋一匙、砂糖一匙。

壽司飯做法：

1. 將砂糖與壽司醋混合，調製壽司醋。

2. 將白飯與調製好的壽司醋均勻攪拌，壽司醋充分入味
　後，醋飯放涼即可開始包壽司。

壽司做法：

1. 小黃瓜、胡蘿蔔洗淨，切條備用。

2. 在保鮮膜上鋪上海苔，再鋪上一層壽司飯，平均鋪滿後再加入小黃瓜條、胡蘿
　蔔條和肉鬆捲起，最後切成適當的大小即可。

主餐加半碗白飯之營養分析：蛋白質 6g、脂質 1.25、醣類 45g。

總熱量：215 大卡。

＊小撇步：將白飯與壽司醋混合時，飯匙以「切」的方式輕拌，勿大力攪拌，米
　粒才會粒粒分明有嚼勁。

◎米漢堡

材料：白飯半碗、牛肉 17g、洋蔥 10g、生菜兩片、蛋
　　　一顆。

調味料：日式醬油少許、番茄醬 10g。

做法：

1. 將半碗白飯分為兩份，以保鮮膜包成圓球狀，再壓扁
　成餅型塗上一層醬油。

2. 熱鍋加入一點橄欖油，將餅狀白飯入鍋煎成雙面焦黃
　狀，同時可煎蛋備用。

3. 同一油鍋先爆香洋蔥至軟，再加入牛肉及醬油拌炒。

4. 在煎好的一片餅狀白飯上加入牛肉、煎蛋及生菜，可依個人喜好加入番茄醬，
　之後再蓋上另一層白飯即可食用。

主餐加半碗白飯之營養分析：蛋白質 12.5g、脂質 12.5g、醣類 18g。

總熱量：234.5 大卡。

＊小撇步：將米飯壓成餅狀時，可使用市售之煎蛋模型壓製，形狀較易固定且美
　觀。

◎玉米濃湯餃

材料：水餃五顆、玉米 1/4 杯、火腿一片、洋蔥 3g、奶油一小匙、麵粉一小匙、牛乳 120ml。

調味料：鹽巴少許。

玉米濃湯做法：

1. 大碗裡放一小塊奶油，放入微波爐以中高溫微波約一分鐘，使奶油呈液狀。

2. 取出後加入一小匙麵粉與半杯牛乳稍微攪拌，會呈現半凝固狀不易攪拌均勻，此時再放入微波爐以中高溫微波約三分鐘。

3. 熱鍋中加入些許橄欖油爆香洋蔥丁、火腿丁及玉米粒，炒出香味後加入半碗高湯及做法「2.」，最後以少許鹽巴調味即是玉米濃湯。

水餃做法：鍋內加入適量的水，將水煮沸之後，分散投入水餃，以杓子輕輕攪動，水再度沸騰後約四分鐘即可撈起加入玉米濃湯內。

主餐加五顆水餃之營養分析：蛋白質 11g、脂質 12g、醣類 35g。

總熱量：292 大卡。

＊小撇步：將水餃煮熟後，可加入玉米濃湯一起烹煮，水餃內就會吸滿湯汁，味道更棒！

◎漢堡套餐

配菜：胡蘿蔔棒。

材料：豬絞肉 35g、洋蔥 1/4 顆、蛋兩顆、高麗菜一片、漢堡麵包一個。

調味料：醬油適量、胡椒粉適量、香油適量、太白粉適量、番茄醬 10g。

做法：

1. 豬絞肉剁成泥狀，洋蔥洗淨切丁，高麗菜洗淨備用。

2. 豬絞肉加入調味料及半顆蛋白、太白粉醃漬約十分鐘，順同一方向攪拌至黏稠，也可摔打肉圈使其有彈性，用保鮮膜將肉圈捏成一圓餅狀。熱鍋加入一匙橄欖油，將肉餅煎至以筷子插入不沾黏即為熟透，此時利用鍋內剩餘空間將蛋煎熟。

3. 將漢堡麵包切開（可放入烤箱內加熱），包入高麗菜葉、肉餅、荷包蛋，可依個人喜好加入些許番茄醬即可。

配菜做法：

1. 胡蘿蔔棒：將蘿蔔洗淨去皮，切成長條狀即可。

2. 柳丁：柳丁洗淨切成適當大小即可食用。

主餐加漢堡麵包之營養分析：蛋白質 25g、脂質 20g、醣類 33g。

總熱量：412 大卡。

＊小撇步：通常孩子會很喜愛這道料理，可在其中加入多點蔬菜、番茄及起司，營養會更均衡。

四、高湯

昆布高湯

材料：昆布兩張、鰹魚屑 60g、水 3,000c.c.。

做法：

1. 將昆布以溼布擦過，去除表面的污垢及沙子（過於用力可能會把表面甘甜物質去除）。
2. 鍋中放入水及昆布，蓋上鍋蓋以中火烹煮，當發現鍋中冒起少許水泡時，便將昆布取出。
3. 將昆布取出後，等待水滾即可倒入鰹魚屑，約三秒鐘後將火關熄，靜置至鰹魚屑沉澱，以紗布濾出湯汁即可。

蔬菜高湯

材料：胡蘿蔔兩條、洋蔥兩顆、大番茄兩顆、西洋芹兩條、玉桂葉三片、水 4,000c.c.。

做法：將所有材料洗淨後與水放入鍋中，蓋上鍋蓋以中小火煮約兩小時，以紗布過濾即可。此高湯都是蔬菜，不需撈油即可食用。

雞高湯

材料：雞翅尖端 500g、蔥段兩段、西洋芹兩條、胡蘿蔔兩條、水 2,000c.c.。

做法：

1. 先將雞翅汆燙過水去雜質，胡蘿蔔削皮切塊備用。
2. 將水煮滾放入所有材料，蓋上鍋蓋以中小火煮約二至三小時，關火後以紗布包著冰塊，輕輕放入湯中撈除多餘油脂，再以紗布過濾即可。

豬軟骨湯

材料：豬軟骨 500g、薑絲 10g、胡蘿蔔一條、白蘿蔔一條、大番茄一顆、水 3,000c.c.。

做法：

1. 將材料洗淨，豬軟骨以肉槌稍微敲打過水去雜質。
2. 將水煮滾放入所有材料，蓋上鍋蓋以中小火煮約二至三小時，關火後以紗布包著冰塊，輕輕放入湯中撈除多餘油脂，再以紗布過濾即可。

第九節　結論

　　幼兒期是生理發育與智力發展的關鍵，所以良好的營養足以影響其未來一生。本章結合理論與實作，期望讀者能將本章節營養理論知識落實到日常的兒童膳食當中。

第四章

嬰幼兒期營養評估

陳碩菲　著

　　嬰幼兒時期的營養評估需要從日常生活做起，除了一般的飲食資料收集，尚需要更多的非飲食資料（如嬰幼兒的家庭背景、托育日誌或嬰幼兒預防接種等）來了解嬰幼兒的生長狀況，所以本節將針對常用的嬰幼兒生活紀錄表及相關營養評估做介紹。

第一節　非飲食資料的收集

　　根據政府對合格保母的要求，合格保母必須要推動宣導「托育日誌」及「幼兒成長檔案」之製作與使用，以達到記錄、溝通與評量等功能。這些紀錄就是最佳的非飲食資料來源，所以在嬰幼兒時期一般會建議園所或托育單位建立寶寶的檔案、嬰幼兒預防接種後照顧交接紀錄表、托育日誌和聯絡表，使托育能夠提供更完善的功能。

一、寶寶的檔案（表 4-1）

　　內容包含寶寶的基本資料、家庭狀況、緊急聯絡人和健康狀況。

表4-1　寶寶小檔案

壹、基本資料

☆寶寶名字：＿＿＿＿＿＿＿＿＿　　☆乳名：＿＿＿＿＿＿＿＿＿

☆出生日期：＿＿年＿＿月＿＿日　　☆性別：□女生　□男生

☆身分證字號：＿＿＿＿＿＿＿＿＿　☆血型：＿＿＿型

貳、家庭狀況

☆兄弟姊妹：兄＿＿人　弟＿＿人　姊＿＿人　妹＿＿人

☆父親：＿＿＿＿＿＿＿　生日：＿＿年＿＿月＿＿日　手機：＿＿＿＿＿＿

　服務單位：＿＿＿＿＿＿＿　聯絡電話：＿＿＿＿＿＿　E-mail：＿＿＿＿＿

☆母親：＿＿＿＿＿＿＿　生日：＿＿年＿＿月＿＿日　手機：＿＿＿＿＿＿

　服務單位：＿＿＿＿＿＿＿　聯絡電話：＿＿＿＿＿＿　E-mail：＿＿＿＿＿

☆目前同住親人：＿＿＿＿＿＿＿＿＿＿＿＿＿＿＿＿＿＿＿＿＿＿＿

參、緊急聯絡人

☆聯絡人：＿＿＿＿　電話：＿＿＿＿＿　手機：＿＿＿＿＿　關係：＿＿＿＿

☆聯絡人：＿＿＿＿　電話：＿＿＿＿＿　手機：＿＿＿＿＿　關係：＿＿＿＿

肆、健康狀況

☆孩子身體狀況：＿＿＿＿＿＿＿＿＿＿＿＿＿＿＿＿＿＿＿＿＿＿＿

☆常患疾病：＿＿＿＿＿＿＿＿＿＿＿＿＿＿＿＿＿＿＿＿＿＿＿＿＿

特殊疾病	□無		
	□有	病名：　　　　　　　症狀：	
		指定醫院：　　　醫師姓名：　　　電話：	
		給照顧者的叮嚀：	

謝謝您撥冗填寫本表，這將有助於照顧者協助孩子適應環境。

　　　　　　　　填表人：＿＿＿＿＿＿　填表日期：＿＿＿＿＿＿

資料來源：內政部兒童局（2008）。

二、嬰幼兒預防接種後照顧交接紀錄表（表4-2）

小兒疫苗接種是用來建立嬰幼兒免疫能力的重要方式，嬰幼兒及兒童因免疫系統發育尚未完全，抵抗力較弱，易遭受感染，所以需要藉由疫苗來提高對環境的抵抗力。疫苗接種常見的不良反應多為局部性反應，包括注射部位疼痛、發紅、腫脹；全身性反應則為發燒、倦怠及不適感等，一般症狀只會持續一、二天，但是在接種疫苗之後，這些不適症狀可能會降低孩子的食慾與進食意願，而發燒會造成更多的水分流失，需要額外補充水分，所以詳細的紀錄除了具有更周全的照護交接，也可以讓營養評估更即時。

三、托育日誌（表4-3）

撰寫托育日誌是保育工作的職責，其可以幫助園所老師或照顧者了解、掌握自己的工作內容，是與家長溝通的一個重要媒介。日誌內容會含有飲食、排便、換尿布、睡眠情形、健康狀況、活動方面及情緒狀況，除了記錄孩子的成長，也可記錄特殊事件的處理。所以藉由托育日誌可以知道孩子吃了什麼，吃了多少，還可以從孩子的活動量、排泄量、喝水量及特殊身體狀況，來客觀評估孩子的飲食是否正常，以及是否健康。家長亦可針對日誌給回饋，記錄孩子回家後的狀況，讓整個托育日誌更完全。

四、聯絡簿（表4-4、4-5）

提供保母與家長之間的溝通，表格分成保母交代家長事項及家長交代保母事項兩大部分，讓彼此之間能夠做有效的互動。

表4-2　嬰幼兒預防接種後照顧交接紀錄表

接種日期	疫苗名稱	帶嬰兒接種者	嬰幼兒反應與照顧內容

資料來源：內政部兒童局（2008）。

表4-3　托育日誌

_____年_____月_____日（星期_____）天氣：□晴　□陰　□雨

一、飲食方面

時間_____奶量_____c.c	正餐：	點心：上午_____
時間_____奶量_____c.c	□粥　　□飯　　□麵	下午_____
時間_____奶量_____c.c	□水餃　□饅頭　□包子	水果：上午_____
時間_____奶量_____c.c	□其他：_____	下午_____
時間_____奶量_____c.c	配菜：	喝水：約_____c.c.
時間_____奶量_____c.c	□肉 □魚 □蛋 □蔬菜 □豆類	其他：_____

食量：□正常　□量多　□量較少　原因：_____

二、排便方面

1. 排便：□有　□沒有
2. 時間：□上午_____點左右　□下午_____點左右
3. 呈現狀況：□正常　□硬　□稀　□其他：_____
4. 顏色：□正常　□偏綠　□偏黑　□其他：_____

三、換尿布

時間_____：_____ 時間_____：_____ 時間_____：_____ 時間_____：_____ 時間_____：_____
紅屁股 □有 □無　處理：_____

四、睡眠情形

1. 時間_____：_____ ～ _____：_____ 時間_____：_____ ～ _____：_____
2. 狀況：□安穩　□普通　□不安穩　原因：_____

五、健康狀況

1. 身體狀況：□精力旺盛　□精神佳　□普通　□無精打采　□其他：_____
2. 不適症狀：□紅斑在_____　□發燒_____度 □嘔吐_____次 □咳嗽 □流鼻涕
　　　　　　□腹瀉_____次 □其他：_____　處理：_____
3. 意外與處理：_____

六、活動方面

1. 活動內容：
　□玩自己的身體　□玩玩具　□玩遊戲　□聽音樂　□看書與說故事
　□聽錄音帶（CD）　□看電視、影帶、VCD　□美勞　□體能活動　□生活習慣培養
　□社區公園散步　□其他：_____
2. 學習狀況：□專心投入　□樂於參與　□無心活動　原因：_____
3. 學習成長描述：_____

七、情緒狀況

□愉悅　□穩定　□生氣　□哭鬧　□反抗　□緊張焦慮　□其他：_____
原因：_____　　處理：_____

資料來源：內政部兒童局（2011）。

表4-4 聯絡簿(一)

保母溫馨的提醒

1. 寶寶最後進食時間 ＿＿：＿＿（□奶水：＿＿＿＿cc □其他＿＿＿＿＿＿＿＿＿＿）
2. 寶寶最後換尿布時間 ＿＿：＿＿
3. 寶寶須補充的用品 □奶粉 □尿片 □其他＿＿＿＿＿＿＿＿＿＿＿
4. 寶寶身體不適症狀：＿＿＿＿＿＿＿＿＿＿＿＿＿＿＿＿＿＿＿＿＿
   處理情形：＿＿＿＿＿＿＿＿＿＿＿＿＿＿＿＿＿＿＿＿＿＿＿＿＿
5. 寶寶的用藥紀錄

用藥時間	餐前／餐後／睡前	藥物名稱	內服或外用部位	寶寶特殊反應	備註

6. 保母的叮嚀：

保母簽名：＿＿＿＿＿＿＿＿＿＿

表4-5 聯絡簿(二)

家長的話

1. 寶寶早上起床時間 ＿＿：＿＿
2. 寶寶最後進食時間 ＿＿：＿＿（□奶水：＿＿＿＿cc □其他＿＿＿＿＿＿＿＿）
3. 寶寶最後換尿布時間 ＿＿＿＿：＿＿＿＿
4. 寶寶身體不適症狀：＿＿＿＿＿＿＿＿＿＿＿＿＿＿＿＿＿＿＿＿＿
   處理情形：＿＿＿＿＿＿＿＿＿＿＿＿＿＿＿＿＿＿＿＿＿＿＿＿＿
6. 今天 □需要 □不需要 用藥

用藥時間	餐前或餐後	藥物名稱	內服或外用部位	注意事項

7. 給保母的話：

家長簽名：＿＿＿＿＿＿＿＿＿＿

第二節　嬰幼兒期營養狀況評估

壹、體位測量

一、身長與身高

目前國內幼兒體位測量採用的方法為兩歲以下測量身長，兩歲以上測量身高。兩歲以下的嬰兒無法站立或無法安靜站立，所以需以平躺測量，此測量出來之數據，稱為身長；兩歲以上至六歲之幼兒可以安靜站立測量，此測量出來之數據，稱為身高。

(一) 身長測量法

本測量法需要兩位協助測量人員。首先，讓嬰兒平躺於身長測量器（圖4-1），其中一位測量者用兩手固定嬰兒的頭部，使其頭部緊靠身長測量器垂直木板，另一位測量者讓嬰兒的頭、頸、軀幹與雙腳呈一直線，並以一手輕壓嬰兒兩膝，使其兩腿伸直，緊貼刻度板，然後移動測量板至嬰兒腳底處，最後讀取刻度。目前身長測量已有電子式儀器，可隨著測量板的移動直接顯示身長數值。

(二) 身高測量法

一歲以上至六歲之幼兒可以站立測量，就以站立的方式測量其身高，園所中若有成人之站立身高器，可直接用此測量幼兒身高，若沒有成人之站立身高器時，可利用皮尺測量法替代。皮尺測量法是將皮尺垂直貼於牆壁，並以三角板或具90度直角的厚紙板取代測量器之測量棒，測量時必須是在平坦地面上，且測量尺平貼於與地面垂直的牆面上，且需注意測量尺的零點必須與測量者的腳跟在相同位置，待幼兒站立後進行測量（圖4-2）。

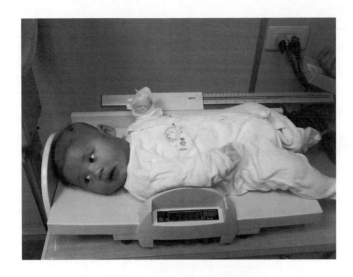

圖 4-1　嬰兒身長測量器

圖片來源：模特兒吳瑞哲，林巧梅攝。

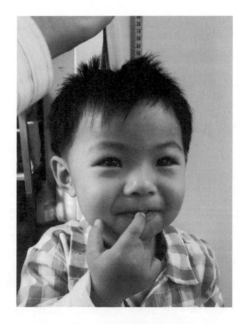

圖 4-2　身高的測量

圖片來源：模特兒陳咸志，呂欣怡攝。

二、體重

幼兒一至二歲時，通常使用嬰兒用的體重計，為求測量結果之精準、正確，應去除身上重物，例如：厚重衣物、溼尿布等，體重計之誤差值應為 100 公克內，測量前須先校準體重計及歸零。校正方法為準備 20 公斤重的砝碼一至二個，將砝碼置於體重器上，讀值校正；目前也有校正砝碼內建的體重器，使用前只需確認體重器有無歸零即可。而一歲以下之嬰兒，則以嬰兒用磅秤測量體重（圖 4-3），測量時也是同樣需要去除身上重物，以達測量精準。

三、頭圍的測量

嬰兒頭圍大小與腦發育有關，因為嬰兒腦部的發育是所有發育中最快的，故出生時頭部相對比身體其他部位大。出生之後到兩歲，嬰幼兒頭圍的發展與生長的發展是密切相關的，因此在兩歲前頭圍的監控相當重要，幼兒兩歲以後，頭圍增加很少，但是目前新版的頭圍生長曲線圖，還是可以監控到幼兒滿五足歲。正常嬰兒出生時平均頭圍為 34 公分，出生後頭部發育迅速，前半年增加 8～10 公分，後半年增加 2～4 公分，所以一歲時大約是 44～48 公

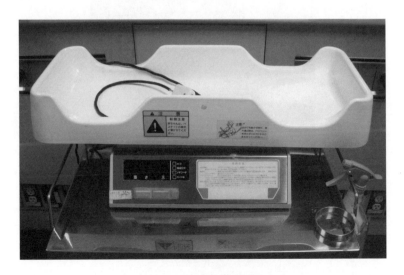

圖 4-3　嬰兒用磅秤

分左右。頭圍大小與遺傳有一定關係,頭圍大的父母,孩子的頭也可能較大,而發育速度快的嬰兒,長得大,頭圍也相對大。頭圍大小雖然不能說明大腦的發育情況,但其大小如超出了正常範圍就應該注意,例如頭圍過大可能與佝僂病、腦積水、巨腦回畸形等疾病有關,而頭圍過小則與先天性腦發育不良、宮內弓形體感染、出生時嚴重窒息腦缺氧等疾病有關。

　　頭圍的測量方法為用一條軟尺繞過前額眉間,再經過耳朵上方,後面繞過枕骨粗隆最高處(後腦勺最突出的一點),圍繞頭部一周所得的資料即是頭圍大小(圖4-4)。量時軟尺應緊貼皮膚,注意尺不要打折,長髮者應先將頭髮在軟尺經過處向上下分開。嬰兒的正常頭圍和身高有一定的關係,新生兒頭圍的估算為:身高(公分)/2 + 10(公分)=頭圍(公分),頭圍受到大腦生長的影響,剛出生時頭佔總身高的 1/4,是成人頭圍的 1/3,三歲時達到成人頭圍的 80%。除頭圍外,囟門的大小和閉合時間,也是發展應注意之處,一般而言一歲至一歲半之間囟門應該要已閉合。

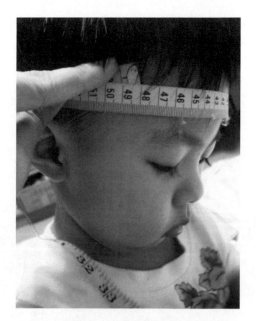

圖 4-4　頭圍的測量

圖片來源:模特兒陳威志,呂欣怡攝。

貳、營養狀況的評估

一、兒童生長曲線圖

　　衛生署國民健康局於二○○九年五月十八日正式啟用新版的兒童生長曲線圖，新版與舊版的差別在於採用世界衛生組織發布之兒童生長標準，作為台灣嬰幼兒生長曲線之使用參考。本次新版兒童生長曲線圖是由世界衛生組織以跨國合作的方式，選取符合以下條件的零至五歲嬰幼兒作為統計標準，進行分析其生長發育，以繪製適用「全球」零至五歲兒童的生長標準曲線圖，並於二○○六年發布供世界各國參考，所選取之嬰幼兒條件如下：

1. 餵食方式以母乳哺育並適時的添加副食品：由於國內、外過去所用的生長標準大部分都採用餵食配方奶的嬰幼兒，而餵食配方奶嬰幼兒比餵食母乳之嬰幼兒體重增加快，所以新版兒童生長曲線與原版之最大不同處，在於新版兒童生長曲線標準是世界衛生組織以跨國合作方式，調查了餵食母乳並在良好健康環境成長的兒童生長情形。因此，可避免將餵食母乳的嬰兒誤判為體重不夠的情形。

2. 有良好的衛生照護。

3. 母親不吸菸。

4. 處於良好健康相關因素的環境的兒童。

二、新版兒童生長曲線圖的使用方法

1. 新版兒童生長曲線圖以性別區分，分別是女孩、男孩身長（高）、體重與頭圍等三個生長指標的百分位圖（圖 4-5 至圖 4-10），每張圖上均有五條曲線，由上而下分別代表同年齡層之第 97、85、50、15、3 百分位。

2. 身長／身高圖在兩歲時曲線有落差，是因為測量方法不同；兩歲之前是測量寶寶躺下時的身長，兩歲以上則是測量站立時的身高。

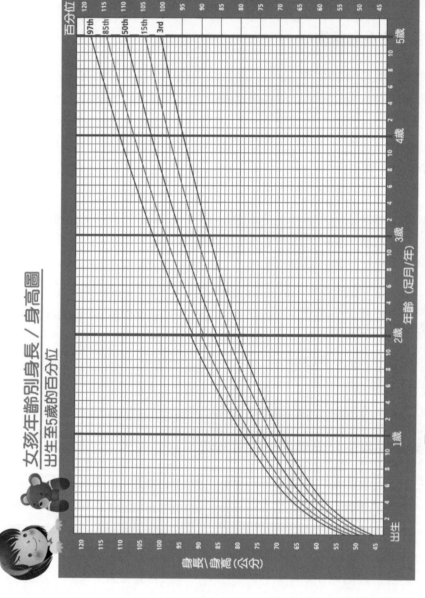

圖 4-5　兒童生長曲線圖（女孩年齡別身長／身高圖）

資料來源：行政院衛生署國民健康局（2010）。

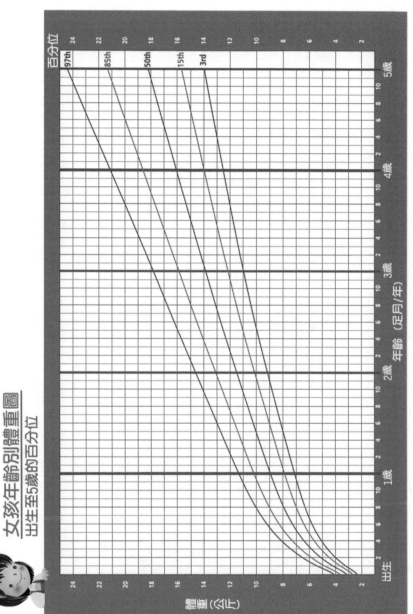

圖 4-6　兒童生長曲線圖（女孩年齡別體重圖）

資料來源：行政院衛生署國民健康局（2010）。

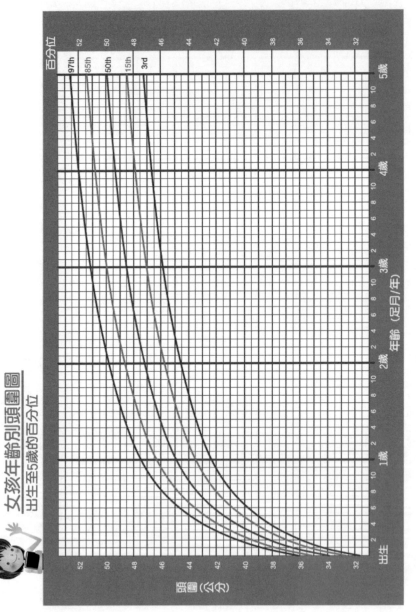

圖 4-7 兒童生長曲線圖（女孩年齡別頭圍圖）

資料來源：行政院衛生署國民健康局（2010）。

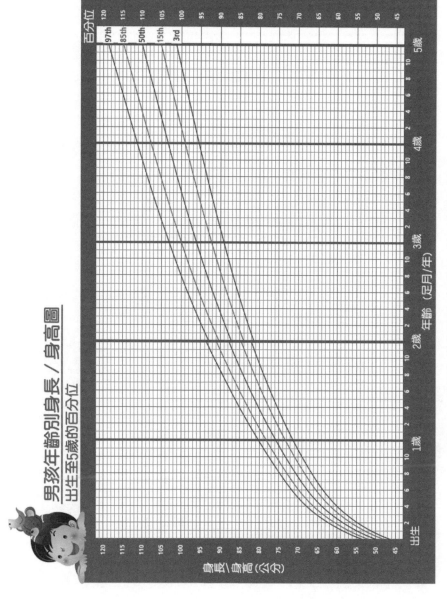

圖 4-8　兒童生長曲線圖（男孩年齡別身長／身高圖）

資料來源：行政院衛生署國民健康局（2010）。

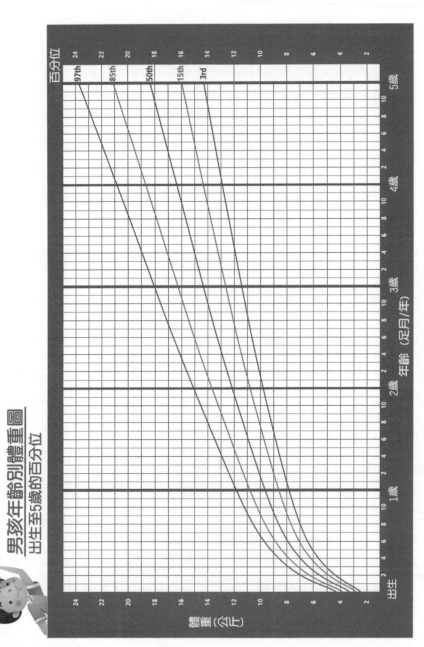

圖 4-9　兒童生長曲線圖（男孩年齡別體重圖）

資料來源：行政院衛生署國民健康局（2010）。

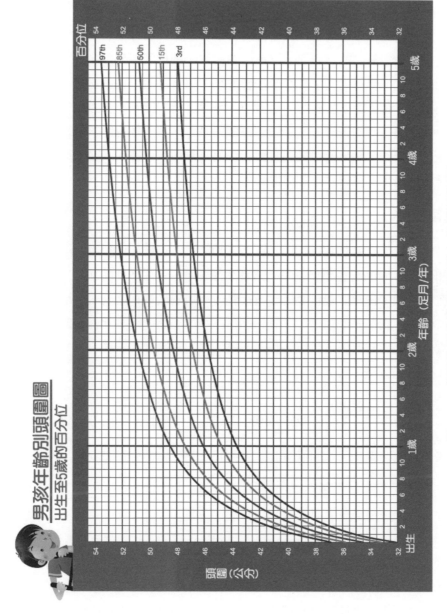

圖 4-10　兒童生長曲線圖（男孩年齡別頭圍圖）

資料來源：行政院衛生署國民健康局（2010）。

3. 使用者可以按寶寶的性別，先找到橫座標所標示的寶寶足月／年齡，再找到縱座標上身長／身高、體重與頭圍數值，就可以找到寶寶在同年齡層小孩的百分位。

4. 以滿一歲的女孩身高 74 公分為例，大約在第 50 百分位，就表示在一百位同一年齡層的寶寶裡，排在中間位置（請見圖 4-5）。

5. 一般而言，嬰幼兒之生長指標若落在第 97 及第 3 百分位兩線之間均屬正常，否則就要考慮該項生長指標有過高或過低之情形。要強調的是，兒童生長是連續性的，除了觀察每個落點外，其連線也應該依循生長曲線的走勢，如果走勢變平、變陡或呈現鋸齒狀，都代表嬰幼兒的成長出現變化，需請醫師評估檢查。

三、重高指數

重高指數是行政院衛生署以同年齡及性別的兒童、青少年之體重第 50 百分位值和身高第 50 百分位值為基準，來評估體重型態。由於此時期幼兒正處於生長發育階段，在評估肥胖度上比較複雜，不適用於成人之公式，因此教育部乃以陳偉德醫師等人（1993）所訂的重高指數法當指標，用來評估幼兒、兒童、青少年肥胖的方法，並作為長期追蹤幼兒生長狀態的依據。重高指數公式如下：

$$重高指數 = \frac{評估對象的體重（公斤）÷身高（公分）}{該年齡層的重高常數}$$

而重高常數（表 4-6）則等於台灣地區各年齡層國民體位測量身高 50 百分位值與體重 50 百分位值之比，其公式如下：

$$重高常數 = \frac{該年齡層第 50 百分位的體重（公斤）}{該年齡層第 50 百分位的身高（公分）}$$

由重高指數法計算之結果，再由表 4-7 來判斷身體體態狀況，當重高指數等於 0.9～1.09 時為正常，大於 1.2 時為肥胖。重高指數亦可用於判斷肥胖程度，其值越高表示肥胖程度越嚴重，重高指數在 1.2～1.39 為輕度肥胖，1.4～1.59 為中度肥胖，1.6 以上為重度肥胖。

　　舉例來說，一位二歲的小女孩，身高 95 公分，體重 13 公斤，由表 4-6 得知其重高常數為 0.135，則其重高指數＝（13 公斤÷95 公分）÷0.135≒1.014，由表 4-7 判定為屬於正常範圍。再如：一位一歲二個月之男孩，由表 4-6 得知其重高常數為 0.128（未滿一歲三個月，所以取一歲的重高常數），此男孩體重為 7 公斤，身高 75 公分，則其重高指數＝（7 公斤÷75 公分）÷0.128≒0.729，查表 4-7 得知值小於 0.8，判定為瘦弱，屬於非正常範圍。

表4-6　台灣地區一至十八歲兒童及青少年的重高常數

年齡	重高常數	
	男	女
1 歲	0.128	0.121
1 歲 3 個月	0.133	0.126
1 歲 6 個月	0.137	0.130
1 歲 9 個月	0.138	0.133
2 歲	0.140	0.135
2 歲 6 個月	0.143	0.139
3 歲	0.156	0.157
4 歲	0.168	0.163
5 歲	0.177	0.174
6 歲	0.191	0.186
7 歲	0.205	0.198
8 歲	0.219	0.213
9 歲	0.241	0.227
10 歲	0.254	0.245
11 歲	0.278	0.267
12 歲	0.293	0.291
13 歲	0.316	0.310
14 歲	0.335	0.318
15 歲	0.351	0.329
16 歲	0.365	0.327
17 歲	0.368	0.327
18 歲	0.374	0.331

資料來源：陳偉德（1994）。

表4-7 台灣地區三至十八歲兒童及青少年的重高指數的評估

重高指數	體重狀況
＜ 0.80	瘦弱
0.80～0.89	過輕
0.90～1.09	正常
1.10～1.19	過重
≧1.20	肥胖

資料來源：陳偉德（1994）。

四、身體質量指數

身體質量指數（body mass index, BMI）是評估肥胖的另一種簡單、方便的方法。其計算公式為體重除以身高的平方，體重以公斤為單位，身高以公尺為單位，小數點第二位可四捨五入，所得數值再對照表 4-8，即可得知孩子的體重是適當、過輕或過重。國內成人 BMI 以介於 20～24 為適當體重，24～27 為體重過重，超過 27 以上者為肥胖；在幼兒的 BMI 判定中，可依照行政院衛生署公布的 BMI 定義（表 4-8），去做體位的判定。

表4-8　兒童與青少年肥胖與過瘦定義

身體質量指數（BMI）＝體重（公斤）／身高（公尺）^{2}

年齡	男孩 BMI 值			女孩 BMI 值		
	過輕	適當	過重肥胖	過輕	適當	過重肥胖
2	15.2	17.7	19.0	14.9	17.3	18.3
3	14.8	17.7	19.1	14.5	17.2	18.5
4	14.4	17.7	19.3	14.2	17.1	18.6
5	14.0	17.7	19.4	13.9	17.7	18.9
6	13.9	17.9	19.7	13.6	17.2	19.1
7	14.7	18.6	21.2	14.4	18.0	20.3
8	15.0	19.3	22.0	14.6	18.8	21.0
9	15.2	19.7	22.5	14.9	19.3	21.6
10	15.4	20.3	22.9	15.2	20.1	22.3
11	15.8	21.0	23.5	15.8	20.9	23.1
12	16.4	21.5	24.2	16.4	21.6	23.9
13	17.0	22.2	24.8	17.0	22.2	24.6
14	17.6	22.7	25.2	17.6	22.7	25.1
15	18.2	23.1	25.5	18.0	22.7	25.3

資料來源：行政院衛生署（2005c）。

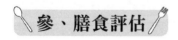

參、膳食評估

一、二十四小時回憶法

　　此種膳食評估方法可以自填或是由專人來做問答，在做二十四小時回憶法時，首先要確定這個月幼兒的主要照顧者是誰，由主要照顧者回憶寶寶的二十四小時飲食，記錄回憶的當天日期，而非填問卷的日期。幼兒在前四個

表4-9 二十四小時回憶表範例

這個月的主要照顧者：						
時間 （月／日／時）	食物名稱（品牌）	自製	市售	烹調法	份量（體積 或重量）	備註
10/28/9:00am	法國吐司	◎		煎		
	1. 蛋液				1 顆	
	2. 吐司 1 片		◎		30 公克	
	較大嬰兒奶粉（光泉）		◎		3 匙（120c.c.）	
10/28/12:00am	較大嬰兒奶粉（光泉）		◎		3 匙（120c.c.）	
	肉粥	◎		煮		
	1. 豬肉末				30 公克	
	2. 胡蘿蔔絲				30 公克	
	3. 白粥				1 碗	

月還不會添加副食品，所以烹調法那欄不用記錄，但寶寶四個月大以後就要連副食品一起記錄。記錄副食品時，要注意是自己家中製備的或是買市售罐裝嬰兒副食品，若是自家製備請記下烹調法，若是市售罐裝副食品請記下品牌。時間紀錄方面，因為寶寶喝奶的時間和大人進食時間不同，所以可以記錄一段時間範圍之內，例如是從昨天早上九點到今天早上九點這段時間之內餵食的狀況，切記不要遺漏了晚上睡覺以後可能的餵食。嬰兒配方奶粉請記錄以多少匙的奶粉泡出多少 c.c.及奶粉品牌。母乳若是擠出餵食的話，也請記錄 c.c.數，否則請記錄次數以及每次餵食時間（表 4-9）。

二十四小時回憶法之優點為：(1)可得到幼兒的飲食狀況之資料；(2)熱能營養素百分比資料可信度高；(3)詢問所花費時間不長，配合度較高。其可能缺點為：(1)幼兒無法回答，需家人協助；(2)可能因遺忘而低估攝取量；(3)飲食攝取量受季節、週末或週日之影響，需藉由研究設計（如多次訪視）來克服。

二、飲食記錄法

　　飲食記錄法又稱食物日記，其表格格式與二十四小時回憶法（表4-9）大同小異，最大的差別為飲食記錄法是在進食後就盡快記錄，而二十四小時回憶法則是回推連續二十四小時所攝取的食物。飲食記錄法依其定量方式可分為秤重式及估計式兩種，秤重式乃指所攝食食物先經過秤重再登記，而估計式是以食物份量代換圖卡、量杯、量匙等進行食物份量的粗估。此法乃由營養師對兒童或其飲食照顧者，利用食物份量代換圖卡、量杯、量匙、食物磅秤、食物模型等，協助受試者或飲食記錄者了解食物的份量，並教導記錄一天飲食的方法之後，請其連續記錄三天的飲食（包含兩個工作天及一天假日），同時提醒記錄者勿改變飲食習慣，並於進食後盡快記錄。

　　飲食記錄法的優點為：(1)不會受到幼兒或照顧者記憶力之影響；(2)了解幼兒日常飲食狀態。缺點為：(1)進行記錄時，若記錄者不具有估算份量之能力，則飲食記錄會產生極大誤差；(2)天數越長，配合度越差；(3)容易為了減少麻煩及方便記錄，而改變飲食習慣，例如：原本常食用鹹粥，為了記錄方便而改成白粥。

三、每月飲食頻率問卷

　　飲食頻率問卷（表4-10）是指在一段期間內，各種食物攝取的頻率。每月飲食頻率問卷是指前一個月，例如嬰兒目前滿九個月，其每月飲食頻率問卷則是問八個月大的時候。

第三節　結論

　　嬰幼兒相關的營養記錄與評估法種類眾多，主要都是幫助照顧者了解嬰幼兒的營養狀態，並提供即時的營養矯正。為了減少照顧者的負擔及提高記錄意願，在做營養記錄時，盡可能利用園所或照顧者周邊常使用的表格，進行記錄與量化分析，然後經比對嬰幼兒體位表或其他營養素評估法，就可以確實掌握寶寶的發展狀況。

表4-10　每月飲食頻率問卷

食物名稱或商品名		餵食頻率			單次餵食量	餵食方式
		次／月	次／週	次／天		
乳品類：母奶、嬰兒配方、奶粉、鮮乳（低、中、全脂）等						
全穀根莖類：米粉、米精、麥粉、麥精、麵茶、米麩、米湯、稀飯、餅乾、乾飯等						
水果類：果汁、果泥、水果等						
蔬菜類：菜汁、菜泥、切碎蔬菜等						
蛋類：蛋黃、蒸蛋、其他蛋類						
魚、肉、豆類：魚類、海鮮、雞肉、碎豬肉、碎牛肉、各式肉鬆、豆製品等						
肝類：肝泥、肝						
點心類：如布丁、奶酪、乳製品、果凍、糖果、冰淇淋、冰棒等						
水						
湯類：如大骨湯、雞湯、蔬菜湯、蛤蜊湯等						
其他添加物：葡萄糖、蜂蜜等						
其他						

備註：1.當餵食頻率不固定時，請照顧者填寫大約每週餵食幾次的平均值。

　　　2.各種食物攝取的頻率必須要嬰幼兒有真正吃入，僅舔一口等或吐出沒有真正吃入的食物則不用記錄。

第五章

幼兒膳食設計

陳碩菲　著

　　《幼兒園教保服務實施準則》第 12 條規定：「幼兒園應提供符合幼兒年齡及發展需求之餐點，以自行烹煮方式為原則，其供應原則如下：(1)營養均衡、衛生安全及易於消化；(2)少鹽、少油、少糖；(3)避免供應刺激性及油炸類食物；(4)每日均衡提供六大類食物。」菜單設計原屬一門專業，但因幼兒園的人力成本無法配置菜單設計之專業人員，故幼兒園餐飲設計者多由行政職員或教師兼任，再委託廚房媽媽烹煮，因此幼兒園從業人員應具有足夠的菜單設計訓練，以設計符合幼兒年齡及發展需求之餐點，這也是本章主要撰寫的目的。

第一節　膳食設計的計算方法

一、名詞解釋

　　在做菜單設計之前，首先要對菜單設計中常見的專有名詞有所了解：
1. 採買重量：新鮮食材的原始重量，例如帶皮及果核的水果、含蒂頭及老葉的蔬菜、含內臟與鱗片的魚等。
2. 可食重量：新鮮食材去掉不可烹調部位後的重量，如蔬菜去掉蒂頭及老葉、水果去掉果皮、魚去掉內臟及魚鱗等。

3. 膨脹收縮率：食材煮熟之後的重量變化，其計算公式為成品重÷材料重× 100%，換言之，將材料乘上膨脹收縮率即可得烹調後的成品重。例如蓬萊米的膨脹收縮率為 269.4%，代表 100 公克的蓬萊米煮熟之後的重量為 269.4 公克（100 公克蓬萊米× 269.4%膨脹收縮率＝ 269.4 公克煮熟的蓬萊米），而牛肉的膨脹收縮率為 65%，所以 100 公克的牛肉經烹調後，只會剩下 65 公克。在做菜單設計時要將食物膨脹收縮率計算進去，以免造成煮熟後份量過多或不足。

4. 有熱量的營養素：可被身體當做熱量來源的營養素，這些營養素有醣類每公克 4 大卡，蛋白質類每公克 4 大卡及脂肪類每公克 9 大卡。

5. 無熱量的營養素：無法被身體當作熱量來源的營養素，在體內具有其他的生理功能，這些營養素有礦物質、維生素和水。

6. 份數：將同一類的食物，利用重量調整到等量的營養素，這個重量稱為一份。例如一份飯代表 50 公克的飯，一份吐司代表 25 公克的吐司。

7. 稱量換算：將不同稱量單位做相互間換算，如一杯等於 16 湯匙（表5-1）。

8. 食物代換表（表 5-2 至表 5-9）：將一群營養成分相類似的食物依照有熱量的營養素（醣類、脂肪、蛋白質）做分類，使營養素雷同的食物可歸為同一類食物，讓彼此可以互換。食物代換表的好處是同一類食物在相同的份量間可以相互代換，如此可增加飲食計畫的變化與彈性。例如飯跟吐司同屬於全穀根莖類，所以一份全穀根莖類等於一份飯等於一份吐司，代表 50 公克的飯等於 25 公克的吐司。

表5-1　稱量換算表

1 杯＝ 16 湯匙	1 公斤＝ 2.2 磅
1 湯匙＝ 3 茶匙＝ 15 毫升	1 磅＝ 16 盎司
1 公斤＝ 1,000 公克	1 磅＝ 454 公克
1 台斤（斤）＝ 600 公克	1 盎司≒30 公克
1 市斤＝ 500 公克	1 杯＝ 240 公克（c.c.）

資料來源：行政院衛生署食品藥物管理局（2011d）。

表5-2　食物代換總表

品名		醣類	脂肪	蛋白質	熱量
乳品類	全脂	12	8	8	150
	低脂	12	4	8	120
	脫脂	12	+	8	80
豆、魚、肉、蛋類	低脂	+	3	7	55
	中脂	+	5	7	75
	高脂	+	10	7	120
糖		5	-	-	20
全穀根莖類（主食類）		15	+	2	70
蔬菜類		5	-	1	25
水果類		15	-	+	60
油脂類		-	5	-	45

備註：1. 乳品表微量。

　　　2. 有關主食類部分，若採糖尿病、低蛋白質飲食時，米食蛋白質含量以 1.5 公克，麵食蛋白質含量以 2.5 公克計。

資料來源：行政院衛生署食品藥物管理局（2011d）。

表5-3　乳品類食物代換表

全脂奶：每份含蛋白質 8 公克，脂肪 8 公克，醣類 12 公克，熱量 150 大卡

全脂	名稱	份量	計量
	全脂奶	1 杯	240 毫升
	全脂奶粉	4 湯匙	30 公克
	蒸發奶	1/2 杯	120 毫升
	乳酪	2 片	45 公克

低脂奶：每份含蛋白質 8 公克，脂肪 4 公克，醣類 12 公克，熱量 120 大卡

低脂	名稱	份量	計量
	低脂奶	1 杯	240 毫升
	低脂奶粉	3 湯匙	25 公克
	低脂乳酪	1 又 3/4 片	35 公克

脫脂奶：每份含蛋白質 8 公克，醣類 12 公克，熱量 80 大卡

脫脂	名稱	份量	計量
	脫脂奶	1 杯	240 毫升
	脫脂奶粉	3 湯匙	25 公克

資料來源：行政院衛生署食品藥物管理局（2011d）。

表5-4 豆類及其製品代換表

每份含蛋白質 7 公克，脂肪 3 公克，熱量 55 大卡

食物名稱	可食部分生重（公克）
黃豆（＋5 公克碳水化合物）	20
毛豆（＋5 公克碳水化合物）	50
豆皮	15
豆腐皮（溼）	30
豆腐乳	30
臭豆腐	50
豆漿	260 毫升
麵腸	40
麵丸	40
＊烤麩	35

每份含蛋白質 7 公克，脂肪 5 公克，熱量 75 大卡

食物名稱	可食部分生重（公克）
豆枝（＋5 公克油脂＋30 公克碳水化合物）	60
干絲、百頁、百頁結	35
油豆腐	55
豆豉	35
五香豆干	35
小方豆干	40
＊素雞	40
黃豆干	70
傳統豆腐	80
嫩豆腐	140（1/2 盒）

每份含蛋白質 7 公克，脂肪 10 公克，熱量 120 大卡

食物名稱	可食部分生重（公克）
麵筋泡	20

註：＊資料來源為中國預防醫學科學院、營養與食品衛生研究所編註之食物成分表。
資料來源：行政院衛生署食品藥物管理局（2011d）。

表5-5 肉、魚、蛋類代換

每份含蛋白質 7 公克，脂肪 3 公克以下，熱量 55 大卡

項目	食物名稱	可食部分生重(公克)	可食部分熟重(公克)
水產 (註4)	◎蝦米、小魚干	10	—
	◎蝦皮	20	—
	牡蠣干	20	—
	魚脯	30	—
	一般魚類	35	30
	草蝦	30	—
	◎◎小卷（鹹）	35	—
	◎花枝	40	30
	◎◎章魚	55	—
	＊魚丸（不包肉）（＋10 公克碳水化合物）	55	55
	牡蠣	65	35
	文蛤	60	—
	白海參	100	—
家畜	豬大里肌（瘦豬後腿肉） （瘦豬前腿肉）	35	30
	牛腱	35	—
	＊牛肉干（＋5 公克碳水化合物）	20	—
	＊豬肉干（＋10 公克碳水化合物）	25	—
	＊火腿（＋5 公克碳水化合物）	45	—
家禽	雞里肉、雞胸肉	30	—
	雞腿	40	—
內臟	牛肚	35	—
	◎雞肫	40	—
	豬心	45	—

（續）

項目	食物名稱	可食部分生重(公克)	可食部分熟重(公克)
內臟	◎豬肝	30	20
	◎◎雞肝	40	30
	◎膽肝	20	—
	◎◎豬腎	65	—
	◎◎豬血	225	—
蛋	雞蛋白	70	

每份含蛋白質 7 公克，脂肪 5 公克，熱量 75 大卡

項目	食物名稱	可食部分生重(公克)	可食部分熟重(公克)
水產	虱目魚、烏魚、肉鯽、鹹鰡魚、鮭魚	35	30
	＊魚肉鬆（＋10公克碳水化合物）	25	—
	鱈魚	50	—
	＊虱目魚丸、花枝丸（＋7公克碳水化合物）	50	—
	＊旗魚丸、魚丸（包肉）（＋7公克碳水化合物）	60	—
家畜	豬大排、豬小排、豬後腿肉、豬前腿肉、羊肉、豬腳	35	30
	＊豬肉鬆（＋5公克碳水化合物）、肉脯	20	—
家禽	雞翅、雞排	40	—
	雞爪	30	—
	鴨賞	20	—
內臟	豬舌	40	—
	豬肚	50	—
	◎◎豬小腸	55	—
	◎◎豬腦	60	—
蛋	◎◎雞蛋	55	—

（續）

每份含蛋白質 7 公克，脂肪 10 公克，熱量 120 卡

項目	食物名稱	可食部分生重(公克)	可食部分熟重(公克)
水產	秋刀魚	35	－
家畜	牛肉條	40	－
	＊豬肉酥（＋5 公克碳水化合物）	20	－
家禽	◎雞心	45	－

每份含蛋白質 7 公克，脂肪 10 公克以上，熱量 135 大卡以上，應避免食用

項目	食物名稱	可食部分生重(公克)	可食部分熟重(公克)
家畜	豬蹄膀	40	－
	梅花肉、牛腩	45	－
	◎◎豬大腸	100	－
加工製品	香腸、蒜味香腸、五花臘肉	40	－
	熱狗、五花肉	50	－

備註：1.＊含碳水化合物成分，熱量較其他食物為高。

　　　2.◎每份膽固醇含量 50～99 毫克。

　　　3.◎◎每份膽固醇含量≧100 毫克。

　　　4.本欄精算油脂時，水產脂肪量以 1 公克以下計算。

資料來源：行政院衛生署食品藥物管理局（2011d）。

表5-6　全穀根莖類代換表

每份含蛋白質 2 公克，醣類 15 公克，熱量 70 大卡

名稱	份量	可食重量（公克）	名稱	份量	可食重量（公克）
米、小米、糯米等	1/8杯（米杯）	20	麵線（乾）		25
飯（白米、糯米）	1/4 碗	50	餃子皮	3 張	30
粥（稠）	1/2 碗	125	餛飩皮	3～7 張	30
白年糕（寧波年糕）		30	春捲皮	1.5 張	30
甜年糕		30	饅頭	1/3 個（中）	30
芋頭糕		60	山東饅頭	1/6 個	30
蘿蔔糕（6×8×1.5公分）	1 塊	50	吐司	1/2～1/3 片	25
豬血糕		35	餐包	1 個（小）	25
小湯圓（無餡）	約 10 粒	30	漢堡麵包	1/2 個	25
大麥、小麥、蕎麥、燕麥等		20	△菠蘿麵包（無餡）	1/3 個（小）	20
麥粉	4 湯匙	20	△奶酥麵包	1/3 個（小）	20
麥片	3 湯匙	20	蘇打餅乾	3 片	20
麵粉	3 湯匙	20	△燒餅（＋1/2 茶匙油）	1/4 個	20
麵條（乾）		20	△油條（＋1/2 茶匙油）	1/3 根	15
麵條（溼）		30	甜不辣		35
麵條（熟）	1/2 碗	60	馬鈴薯（3 個/斤）	1/2 個（中）	90
拉麵		25	蕃薯（4 個/斤）	1/2 個（小）	55
油麵（黃麵）	1/2 碗	45	山藥	1 塊	100
鍋燒麵（熟）		60	芋頭	滾刀塊3～4塊或 1/5 個（中）	55
◎通心粉（乾）	1/3 杯	20	荸薺	7 粒	85

（續）

名稱	份量	可食重量（公克）	名稱	份量	可食重量（公克）
蓮藕		100	◎豌豆仁		45
玉米	1/3 根	65	◎皇帝豆		65
玉米粒	1/2 杯	65	＊冬粉	1/2 把	20
爆米花（不加奶油）	1 杯	15	＊藕粉	3 湯匙	20
◎薏仁	1.5 湯匙	20	＊西谷米（粉圓）	2 湯匙	20
◎蓮子（乾）	32 粒	20	＊米苔目（溼）		60
栗子	6 粒（大）	40	＊米粉（乾）		20
菱角	7 粒	50	＊米粉（溼）	1/2 碗	30～50
南瓜		110	太白粉	3 匙	20
◎紅豆、綠豆、蠶豆、刀豆	1 湯匙（生）	20	蕃薯粉	2 又 1/3 匙	20
◎花豆（乾）		20			

備註：1. ＊蛋白質含量較其他主食為低，飲食需限制蛋白質時可多利用。每份蛋白質含量（公克）：冬粉 0.02、藕粉 0.02、西谷米 0.02、米苔目 0.3、米粉 0.1。

　　　2. ◎蛋白質含量較其他主食為高。每份蛋白質含量（公克）：薏仁 2.8、蓮子 4.8、花豆 4.7、通心粉 2.5、紅豆 4.5、綠豆 4.7、刀豆 4.9、豌豆仁 5.4、蠶豆 2.7。

　　　3. △菠蘿麵包、奶酥麵包、燒餅、油條等油脂含量較高。

資料來源：行政院衛生署食品藥物管理局（2011d）。

 表5-7　蔬菜類代換表

每份 100 公克（可食部分）含蛋白質 1 公克，醣類 5 公克，熱量 25 大卡

食物名稱			
*黃豆芽	胡瓜	葫蘆瓜	蒲瓜（扁蒲）
木耳	茭白筍	*綠豆芽	洋蔥
甘藍	高麗菜	山東白菜	包心白菜
翠玉白菜	芥菜	萵苣	冬瓜
玉米筍	小黃瓜	苦瓜	甜椒（青椒）
澎湖絲瓜	芥藍菜嬰	胡蘿蔔	鮮雪裡紅
蘿蔔	球莖甘藍	麻竹筍	綠蘆筍
小白菜	韭黃	芥藍	油菜
空心菜	*油菜花	青江菜	美國芹菜
紅鳳菜	*皇冠菜	紫甘藍	萵苣葉
*龍鬚菜	花椰菜	韭菜花	金針菜
高麗菜芽	茄子	黃秋葵	番茄（大）
*香菇	牛蒡	竹筍	半天筍
*苜蓿芽	鵝菜心	韭菜	*地瓜葉（蕃薯葉）
芹菜	茼蒿	*紅莧菜	白鳳菜
*荷蘭豆菜心	鵝仔白菜	*青江菜	*黑甜菜
*柳松菇	*洋菇	猴頭菇	
芋莖	金針菇	*小芹菜	莧菜
野苦瓜	紅梗珍珠菜	川七	
角菜	菠菜	*草菇	

備註：1. 本表依蔬菜鉀離子含量排列由上而下漸增，灰色部分表鉀離子含量最高，因此血鉀高
　　　　的患者應避免食用。
　　　2. *表示該蔬菜之蛋白質含量較高。

資料來源：行政院衛生署食品藥物管理局（2011d）。

 表5-8　水果類代換表

每份含碳水化合物 15 公克，熱量 60 大卡

項目	食物名稱	購買量（公克）	可食量（公克）	份量
柑橘類	椪柑（3 個／斤）	190	150	1 個
	桶柑（海梨）（4 個／斤）	190	155	1 個
	柳丁（4 個／斤）	170	130	1 個
	香吉士	135	105	1 個
	油柑（金棗）（30 個／斤）	120	120	6 個
	＊白柚	270	165	2 片
	葡萄柚	250	190	3/4 個
蘋果類	五爪蘋果	140	125	小 1 個
	青龍蘋果	130	115	小 1 個
	富士蘋果	145	130	小 1 個
瓜類	黃西瓜	320	195	1/3 個
	＊木瓜（1 個／斤）	190	120	1/3 個
	＊紅西瓜	365	250	1 片
	＊＊香瓜（美濃）	245	165	2/3 個
	＊＊太陽瓜	240	215	2/3 個
	＊＊哈密瓜	225	195	1/4 個
	＊＊新疆哈密瓜	290	245	2/5 個
芒果類	金煌芒果	140	105	1 片
	愛文芒果	225	150	1又1/2 片
芭樂類	＊土芭樂	-	155	1 個
	＊泰國芭樂（1 個 1 斤）	-	160	1/3 個
	＊葫蘆芭樂	-	155	1 個
梨類	西洋梨	165	105	1 個
	水梨	200	150	3/4 個
	粗梨	140	120	小 1 個

（續）

項目	食物名稱	購買量（公克）	可食量（公克）	份量
桃類	水蜜桃（4個1斤）	150	145	小1個
	＊＊桃子	250	220	1個
	仙桃	75	50	1個
	＊玫瑰桃	125	120	1個
李類	加州李（4個1斤）	110	100	1個
	李子（14個1斤）	155	145	4個
棗類	黑棗梅	30	25	3個
	紅棗	30	25	10個
	黑棗	30	25	9個
	＊綠棗子（8個1斤）	140	130	2個
柿類	紅柿（6個1斤）	75	70	3/4個
	柿餅	35	33	3/4個
其他	葡萄	130	105	13個
	＊聖女番茄	175	175	23個
	荔枝（30個1斤）	185	100	9個
	＊龍眼	130	90	13個
	＊草莓	170	160	小16個
	櫻桃	85	80	9個
	枇杷	190	125	—
	香蕉（3根1斤）	95	70	大1/2根 小1根
	蓮霧（6個1斤）	180	170	2個
	楊桃（2個1斤）	180	170	3/4個
	鳳梨（4斤／個）	205	130	1/10片
	＊奇異果（6個1斤）	125	115	1又1/2個
	百香果（6個1斤）	190	95	2個
	＊釋迦（3個1斤）	105	60	1/2個
	山竹（7個1斤）	420	84	5個
	火龍果		130	—

（續）

項目	食物名稱	購買量（公克）	可食量（公克）	份量
	紅毛丹	150	80	—
	榴槤（去殼）	35	—	1/4 個
果汁類	葡萄汁、楊桃汁		135	—
	鳳梨汁、蘋果汁、芒果汁		140	—
	柳橙汁		120	—
	葡萄柚汁		160	—
	水蜜桃果汁		135	—
	＊芭樂汁		145	—
	＊＊番茄汁		285	
水果製品	芒果乾		18	2 片
	芒果青		30	5 片
	葡萄乾		20	33 個
	＊龍眼干		22	—
	鳳梨蜜餞		60	1 圓片
	醃漬鳳梨		57	—
	鳳梨罐頭		80	2 圓片
	菠蘿蜜罐頭		65	—
	水蜜桃罐頭			1.5半圓片
	柑橘罐頭		122	—
	荔枝罐頭		113	—
	粗梨罐頭		200	—
	櫻桃罐頭		35	—
	＊＊番茄罐頭		35	—
	葡萄果醬		23	—
	草莓果醬		22	—

備註：1. ＊每份水果含鉀量 200～399 毫克。

　　　2. ＊＊每份水果含鉀量≧400 毫克。

資料來源：行政院衛生署食品藥物管理局（2011d）。

表5-9 油脂類代換表

每份含脂肪 5 公克，熱量 45 大卡

項目	食物名稱	購買量（公克）	可食量（公克）	份量
植物油	大豆油	5	5	1 茶匙
	玉米油	5	5	1 茶匙
	花生油	5	5	1 茶匙
	紅花子油	5	5	1 茶匙
	葵花子油	5	5	1 茶匙
	麻油	5	5	1 茶匙
	椰子油	5	5	1 茶匙
	棕櫚油	5	5	1 茶匙
	橄欖油	5	5	1 茶匙
	芥花油	5	5	1 茶匙
動物油	牛油	5	5	1 茶匙
	豬油	5	5	1 茶匙
	雞油	5	5	1 茶匙
	＊培根	10	10	1 片（25× 3.5 × 0.1 公分）
	＊奶油乳酪（cream cheese）	12	12	2 茶匙
堅果類	＊瓜子	20（約 50 粒）	7	1 湯匙
	＊南瓜子、＊葵花子	12（約 30 粒）	8	1 湯匙
	＊各式花生仁	8	8	10 粒
	花生粉	8	8	1 湯匙
	＊黑（白）芝麻	8	8	2 茶匙
	＊杏仁果	7	7	5 粒

（續）

項目	食物名稱	購買量（公克）	可食量（公克）	份量
堅果類	＊腰果	8	8	5 粒
	＊開心果	14	7	2 粒
	＊核桃仁	7	7	2 粒
其他	瑪琪琳、酥油	5	5	1 茶匙
	蛋黃醬	5	5	1 茶匙
	沙拉醬（法國式、義大利式）	10	10	2 茶匙
	＊花生醬	8	8	1 茶匙
	鮮乳油	15	15	1 湯匙
	＃加州酪梨（1 斤；2～3 個）（另含碳水化合物 2 公克）	40	30	2 湯匙（1/6 個）

備註：1. ＊熱量主要來自脂肪但亦含有少許蛋白質≧1 公克。

2. ＃資源來源為 Mahan LK and Escott-Stump (2000). *Food, Nutrition and diet Therapy* (10th ed.).
資料來源：行政院衛生署食品藥物管理局（2011d）。

二、幼兒膳食設計

幼兒膳食設計主要是將食物的營養素分成有熱量的營養素及無熱量的營養素，利用有熱量的營養素做熱量的運算後，將六大類食物平均分配在各餐次，再經過烹調，就成了美味佳餚（圖 5-1），而飲食設計流程簡介如下：

1. 決定需求的熱量：依照行政院衛生署建議，一至三歲幼兒活動量稍低熱量需求為 1,050 大卡、運動量適度熱量需求為 1,350 大卡，四至六歲的熱量需求為 1,400～1,800 大卡，依照幼兒性別與活動量做區分整理如表 5-10。

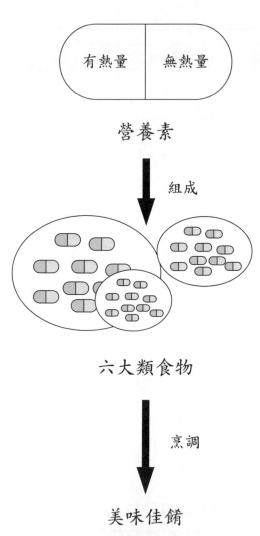

圖 5-1　飲食設計概念

表5-10　一至六歲幼兒熱量需求表

年齡	1～3 歲		4～6 歲			
性別	男、女孩		女孩		男孩	
活動量	稍低	適度	稍低	適度	稍低	適度
熱量（大卡）	1,150	1,350	1,400	1,650	1,550	1,800

資料來源：行政院衛生署食品藥物管理局（2011b）。

2. 訂定三大主要營養素（醣類、脂肪、蛋白質）之分配比例。

3. 算出每種營養素所佔的熱量。

4. 根據熱量算出醣類、脂肪、蛋白質所要的公克數。

5. 換算各類食物每日可食用的份數。

6. 設計醣類份數：依序為乳品類、蔬菜、水果、主食與糖，直至醣類總量與訂定量相同。

7. 設計蛋白質類份數：蛋白質之總公克數減去醣類食物所含的蛋白質公克數，所餘之蛋白質則由豆魚肉蛋類供給，直至蛋白質總量與設定量相符。

8. 設計油脂類份數：脂肪總量減去各類別食物中所有的脂肪量，剩餘的量由烹調用油或堅果類來補足。

9. 按照設計之食物類別與份數，依幼兒的飲食習慣做餐次分配。

10. 依照餐次分配與幼兒對食物之喜好設計菜單。

三、實際範例

1. 決定需求的熱量：設計一份 1,400 大卡之兒童均衡飲食。

2. 訂定三大主要營養素比例：根據行政院衛生署建議，醣類、脂肪、蛋白質之分配比例為醣類佔 60%、脂肪佔 25%、蛋白質佔 15%。

3. 算出每種營養素所佔的熱量：

   ● 醣類：1,400 大卡 × 60% ＝ 840 大卡

- 脂肪：1,400 大卡 × 25% ≒ 350 大卡
- 蛋白質：1,400 大卡 × 15% ≒ 210 大卡

4. 根據熱量算出醣類、脂肪、蛋白質所要的公克數：
   - 醣類：840 大卡 ÷ 4 大卡／公克 ＝ 210 公克
   - 脂肪：350 大卡 ÷ 9 大卡／公克 ＝ 38.9 公克
   - 蛋白質：210 大卡 ÷ 4 大卡／公克 ＝ 52.5 公克

5. 換算各類食物每日可食用份數：根據幼兒每日飲食建議（表3-4），再利用食物代換總表（表5-2）開始換算成每日食用各類食物的份數。

6. 設計醣類份數：先由含醣類的食物類別開始設計，依序為乳品類、蔬菜類、水果類、糖與全穀根莖類，直至醣類總量與訂定量相同。

   - 利用食物代換表將乳品類、蔬菜類、水果類及糖的份數填入每日飲食份數設計表，並計算出上述各類食物的蛋白質、脂肪、醣類及卡數（請參考表5-11）。

   - 將總醣類克數減掉乳品類、蔬菜類、水果類及糖的含醣類克數：
     210 克 － 18 克 － 10 克 － 30 克 － 5 克 ＝ 147 公克

   - 剩餘醣類克數再除以每份全穀根莖含醣量 15 公克，即得全穀根莖類份數：
     147 公克 ÷ 15 公克 ＝ 9.8 份

   - 將醣類克數加總即得總計醣類 210 公克（18 克＋ 10 克＋ 30 克＋ 5 克＋ 147 克＝ 210 克），所得克數須在正負 2 克的誤差值內，方能接受。

每日飲食份數設計表				
分類	份數	醣類（克）	脂肪（克）	蛋白質（克）	卡數
乳品類（全脂）	1.5	**18**	12	12	225
蔬菜類	2	**10**	0	2	50
水果類	2	**30**	0	0	120
糖	1	**5**	0	0	20
全穀根莖類	9.8	**147**	0	19.6	686
總計		**210**	12	33.6	1,101

7. 設計蛋白質類份數：其次設計含蛋白質豐富的食物，蛋白質之總公克
數減去醣類食物所含的蛋白質公克數，所餘之蛋白質則由豆魚肉蛋類
供給，直至蛋白質總量與設定量相符。

- 52.5 公克－ 33.6 公克＝ 18.9 公克
- 18.9 公克÷ 7 公克＝ 2.7 份
- 總蛋白質為 12 公克＋ 2 公克＋ 19.6 公克＋ 18.9 公克＝ 52.5 公克，
符合設定目標 52.5 公克（正負 2 克的誤差值是可以被接受的）。

每日飲食份數設計表					
分類	份數	醣類（克）	脂肪（克）	蛋白質（克）	卡數
乳品類（全脂）	1.5	18	12	**12**	225
蔬菜類	2	10	0	**2**	50
水果類	2	30	0	**0**	120
糖	1	5	0	**0**	20
全穀根莖類	9.8	147	0	**19.6**	686
豆魚肉蛋類（中脂）	2.7	0	13.5	**18.9**	202.5
總計		210	25.5	**52.5**	1,378.5

8. 設計油脂類份數：脂肪總量減去各類別食物中所有的脂肪量，剩餘的
量由烹調用油或堅果類來補足。

- 38.9 公克－ 25.5 公克＝ 13.4 公克
- 13.4 公克÷ 5 公克＝ 2.7 份
- 脂肪總量為 12 公克＋ 13.5 公克＋ 13.5 公克＝ 39 公克，符合設定目
標 38.9 公克（正負 2 克的誤差值可以被接受）。

每日飲食份數設計表					
分類	份數	醣類（克）	脂肪（克）	蛋白質（克）	卡數
乳品類（全脂）	1.5	18	**12**	12	225
蔬菜類	2	10	**0**	2	50
水果類	2	30	**0**	0	120
糖	1	5	**0**	0	20
全穀根莖類	9.8	147	**0**	19.6	686
豆魚肉蛋類（中脂）	2.7	0	**13.5**	18.9	202.5
油脂	2.7	0	**13.5**	0	121.5
總計		210	**39**	52.5	1,425

9. 按照設計之食物類別與份數，依被設計者的飲食習慣做餐次分配。

每日飲食份數設計表										
分類	份數	醣類（克）	脂肪（克）	蛋白質（克）	卡數	早餐	早點	午餐	午點	晚餐
乳品類（全脂）	1.5	18	12	12	225	1			0.5	
蔬菜類	2	10	0	2	50			1		1
水果類	2	30	0	0	120			1	0.5	0.5
糖	1	5	0	0	20				1	
全穀根莖類	9.8	147	0	19.6	686	2	1.5	2.5	1.5	2.3
豆魚肉蛋類（中脂）	2.7	0	13.5	18.9	202.5	0.5		1.2		1
油脂	2.7	0	13.5	0	121.5	0.5		1.2		1
總計		210	39	52.5	1,425					

10. 依照餐次分配與被設計者對食物之喜好，將各餐次的食物份數利用食物代換表（表 5-3 至表 5-9）轉換成真正的食物重量與烹調方法，完成菜單設計。

分類	早餐	早點	午餐	午點	晚餐
乳品類（全脂）	1			0.5	
蔬菜類			1		1
水果類			1	0.5	0.5
糖				1	
全穀根莖類	2	1.5	2.5	1.5	2.3
豆魚肉蛋類（中脂）	0.5		1.2		1
油脂	0.5		1.2		1

餐次	菜名	食物名稱	食物分類	份數	可食量
早餐	全脂奶	全脂奶	奶類	1	240c.c.
	法國吐司	吐司	全穀根莖類	2	50 公克
		蛋液	豆魚肉蛋類	0.5	27.5 公克
		大豆油	油脂類	0.5	0.5 茶匙
早點	蒸芋頭糕	芋頭糕	全穀根莖類	1.5	90 克
午餐	三絲炒麵	黃麵	全穀根莖類	2.0	90 公克
		綜合蔬菜絲	蔬菜類	0.4	40 公克
		豬肉絲	豆魚肉蛋類	0.8	28 公克
		大豆油	油脂類	0.7	0.7 茶匙
	炒洋菇	洋菇	蔬菜類	0.5	50 公克
		麻油	油脂類	0.5	0.5 茶匙
	鹹湯圓湯	小湯圓	全穀根莖類	0.5	15 公克
		茼蒿	蔬菜類	0.1	10 公克
		豬肉末	豆魚肉蛋類	0.4	14 公克
	柳橙汁	柳橙	水果類	1.0	120 公克
午點	木瓜牛奶	全脂奶	奶類	0.5	120c.c.
	小餐包	餐包	全穀根莖類	1.5	37.5 公克
晚餐	五穀飯	五穀飯	全穀根莖類	2.0	100 公克
	開陽白菜	蝦米	豆魚肉蛋類	0.5	5 公克
		白菜	蔬菜類	1.0	100 公克
		大豆油	油脂類	0.5	0.5 茶匙
	金瓜肉末	南瓜	全穀根莖類	0.3	33 公克
		豬肉末	豆魚肉蛋類	0.5	17.5 公克
		大豆油	油脂類	0.5	0.5 茶匙
	水果	水梨	水果類	0,5	75 公克

表5-11 每日飲食份數設計表

每日飲食份數設計表										
分類	份數	醣類（克）	脂肪（克）	蛋白質（克）	卡數	早餐	早點	午餐	午點	晚餐
乳品類（全脂）										
蔬菜類										
水果類										
糖										
全穀根莖類										
豆魚肉蛋類（中脂）										
油脂										
總計										

四、設計幼兒園餐點注意事項

為提供各直轄市、縣（市）主管機關修訂幼兒園幼兒飲食餐點營養設計之參考，教育部國民及學前教育署於 2015 年委請財團法人董氏基金會訂定「幼兒園餐點食物內容及營養基準草案」，讀者可自行上網搜尋。

第二節　營養標示

壹、營養標示

近年來國民營養知識提升，健康意識抬頭，政府對食品業者已實施包裝食品營養標示制度，要求業者在食品包裝容器外表之明顯處需提供以下標示之內容（行政院衛生署，2007）。

1. 標示項目：

- 「營養標示」之標題。

- 熱量。

- 蛋白質、脂肪、飽和脂肪、反式脂肪、碳水化合物、鈉之含量（註：此碳水化合物包括膳食纖維）。

- 其他出現於營養宣稱中之營養素含量。

- 廠商自願標示之其他營養素含量。

2. 對熱量及營養素含量標示之基準：固體（半固體）必須以每 100 公克或以公克為單位之每一份量標示，液體（飲料）需以每 100 毫升或以毫升為單位之每一份量標示，但以每一份量標示者必須加註該產品每包裝所含之份數。

3. 對熱量及營養素含量標示之單位：食品中所含熱量應以大卡表示，蛋白質、脂肪、碳水化合物及反式脂肪應以公克表示，鈉應以毫克表示，其他營養素應以公克、毫克或微克表示。

4. 熱量、蛋白質、脂肪、碳水化合物、鈉、飽和脂肪酸、糖及反式脂肪等營養素若符合下列之條件，得以「0」標示；反式脂肪係指食用油經部分氫化過程所形成的非共軛反式脂肪酸。

   (1)熱量：該食品每 100 公克之固體（半固體）或每 100 毫升之液體所含該營養素量不超過 4 大卡。

   (2)蛋白質、脂肪及碳水化合物：該食品每 100 公克之固體（半固體）或每 100 毫升之液體所含該營養素量不超過 0.5 公克。

   (3)鈉：該食品每 100 公克之固體（半固體）或每 100 毫升之液體所含該營養素量不超過 5 毫克。

   (4)飽和脂肪酸：該食品每 100 公克之固體（半固體）或每 100 毫升之液體所含該營養素量不超過 0.1 公克。

   (5)反式脂肪：該食品每 100 公克之固體（半固體）或每 100 毫升之液體所含該營養素量不超過 0.3 公克。

   (6)糖：該食品每 100 公克之固體（半固體）或每 100 毫升之液體所含該營養素量不超過 0.5 公克。

貳、營養標示範例及說明

目前我國營養標示總共有四種格式，以下分別說明之。

一、以份數為主的營養標示（表5-12）

 表5-12 營養標示格式一

營養標示	
每一份量 240 公克（或毫升） 本包裝含 4 份	
	每份
熱量	116 大卡
蛋白質	8 公克
脂肪	4 公克
飽和脂肪	2.4 公克
反式脂肪	0 公克
碳水化合物	12 公克
鈉	115 毫克
宣稱之營養素含量 其他營養素含量	

資料來源：行政院衛生署（2007）。

例如 A 牌牛乳每瓶 960 毫升，其營養標示如表 5-12，代表意義如下：

1. A 牌牛乳營養標示每一份 240 毫升，代表每喝 240 毫升會喝下如表 5-12 所標示之營養素。而本產品一瓶 960 毫升÷每份 240 毫升＝4，代表本包裝含 4 份，亦即喝完整瓶牛乳會攝取到 4 倍表 5-12 所標示的營養素。

2. 每份牛乳熱量為 116 大卡，計算方式如下：8（蛋白質之克數）× 4（蛋白質每公克 4 卡）＋ 4（脂肪之克數）× 9（脂肪每公克 9 卡）＋ 12（碳水化合物之克數）× 4（碳水化合物每公克 4 卡）＝ 116 大卡。

3. 依照表 5-12 營養標示，每喝 1 份 A 牌牛乳代表喝下 8 克的蛋白質、4 公克的脂肪、12 公克的碳水化合物、116 大卡的熱量與 115 毫克的鈉。

本產品含 4 份，換言之，喝完整瓶 A 牌牛乳即吃進 8 × 4 = 32 公克的蛋白質，4 × 4 = 16 公克的脂肪、12 × 4 = 48 公克的碳水化合物、116 × 4 = 464 大卡的熱量與 115 × 4 = 460 毫克的鈉。

4. 如果一次只喝 200 毫升則吃進 8÷240 × 200 = 6.6 公克的蛋白質、4÷240 × 200 = 3.3 公克的脂肪、12÷240 × 200 = 10 公克的碳水化合物、116÷240 × 200 = 96.6 大卡的熱量與 115÷240 × 200 = 95.8 毫克的鈉。

二、每 100 毫升為主的營養標示（表 5-13）

 表5-13　營養標示格式二

營養標示	
每 100 公克（或每 100 毫升）	
熱量	43.2 大卡
蛋白質	1.0 公克
脂肪	0.8 公克
飽和脂肪	2.4 公克
反式脂肪	0 公克
碳水化合物	8.0 公克
鈉	35.2 毫克

資料來源：行政院衛生署（2007）。

例如 B 牌咖啡每罐 250 毫升，其營養標示如表 5-13，代表意義如下：

1. 以每 100 公克（毫升）標示的優點，是可直接與其他產品做營養素含量的比較。

2. 依照表 5-13 營養標示，每喝 100 毫升的 B 牌咖啡會喝到 43.2 大卡的熱量、1.0 克的蛋白質、0.8 公克的脂肪、8.0 公克的碳水化合物與 35.2 毫克的鈉。

3. 此產品一罐 250 毫升，250 毫升÷每份 100 毫升 = 2.5，代表喝完本罐咖啡將吃進去表格 5-13 所標示營養素含量的 2.5 倍，換言之喝完整罐

B牌咖啡即吃進 43.2 × 2.5 = 108 大卡的熱量、1.0 × 2.5 = 2.5 公克的蛋白質、0.8 × 2.5 = 2 公克的脂肪、8.0 × 2.5 = 20 公克的碳水化合物與 35.2 × 2.5 = 88 毫克的鈉。

三、以份數及 100 公克為主的營養標示（表 5-14）

 **表5-14** 營養標示格式三

營養標示		
每一份量 30 公克（或毫升） 本包裝含 7 份		
每份		每100公克（或每100毫升）
熱量	172.3 大卡	574.2 大卡
蛋白質	1.6 公克	5.2 公克
脂肪	11.6 公克	38.6 公克
飽和脂肪	4.1 公克	13.6 公克
反式脂肪	0.4 公克	1.3 公克
碳水化合物	15.5 公克	51.5 公克
鈉	115 毫克	383 毫克

資料來源：行政院衛生署（2007）。

例如C牌洋芋片，每包210公克，其營養標示如表5-14，代表意義如下：

1. 表 5-14 呈現兩種營養標示法，分別為以份數及以每 100 公克為主的營養標示。

2. 以份數為主的營養標示，每一份量 30 公克，本產品 1 包 210 公克，故 210÷30 = 7，故本包裝含 7 份。

3. 每吃 30 公克C牌洋芋片即吃進 172.3 大卡的熱量、1.6 公克的蛋白質、11.6 公克的脂肪、15.5 公克的碳水化合物與 115 毫克的鈉。

4. 另一種以每 100 公克之標示，每吃 100 公克 C 牌洋芋片即吃進 574.2 大卡的熱量、5.2 公克的蛋白質、38.6 公克的脂肪、51.5 公克的碳水化

合物與 383 毫克的鈉。

四、提供每日營養素攝取量基準值之百分比的營養標示（表 5-15）

 表5-15　營養標示格式四

營養標示		
每一份量 30 公克（或毫升） 本包裝含 5 份		
每份		**每份提供每日營養素攝取量基準值*之百分比**
熱量	93 大卡	4.7%
蛋白質	3 公克	5%
脂肪	4.2 公克	7.6%
飽和脂肪	2.0 公克	11.1%
反式脂肪	0 公克	
碳水化合物	10.8 公克	3.4%
鈉	30 毫克	1.3%

備註：每日營養素攝取量之基準值：熱量 2,000 大卡、蛋白質 60 公克、脂肪 55 公克、飽和脂肪
　　　18 公克、碳水化合物 320 公克、鈉 2,400 毫克。

資料來源：行政院衛生署（2007）。

　　D 牌蘇打餅乾，每盒 150 公克，其營養標示如表 5-15，代表意義如下：

1. 每一份量 30 公克，本產品一盒 150 公克，故 150÷30 = 5，本包裝含 5 份。

2. 每吃一份 D 牌蘇打餅乾 30 公克，代表吃進 93 大卡的熱量、3 公克的蛋白質、4.2 公克的脂肪、10.8 公克的碳水化合物與 30 毫克的鈉。

3. 行政院衛生署針對營養標示所公告一般人每日營養素攝取量之基準值為熱量 2000 大卡、蛋白質 60 公克、脂肪 55 公克、碳水化合物 320 公克、鈉 2400 毫克。

4. 以每日攝取 2000 大卡熱量之基準值計算，1 份 D 牌蘇打餅乾 30 公克，
   熱量 93 大卡，佔每日所需熱量的 93÷2000×100% ＝ 4.7%。

5. 以每日攝取蛋白質 60 公克之基準值計算，吃進 3 公克的蛋白質，佔每
   日所需蛋白質的 3÷60 × 100% ＝ 5%。

6. 以每日攝取脂肪 55 公克之基準值計算，吃進 4.2 公克的脂肪，佔每日
   所需脂肪的 4.2÷55 × 100% ＝ 7.6%。

7. 以每日攝取碳水化合物 320 公克之基準值計算，吃進 10.8 公克的碳水
   化合物，佔每日所需碳水化合物的 10.8÷320 × 100% ＝ 3.4%。

8. 以每日攝取鈉 2400 毫克之基準值計算，鈉 30 毫克，佔每日所需鈉的
   30÷2400 × 100% ＝ 1.3%。

第三節　幼兒園膳食設計

壹、標準食譜卡的建立

　　在第三章曾介紹依據幼兒熱量所設計出的小份量食譜，但幼兒園餐點製備卻不適合一份一份地烹調，而是一次大量烹調園所所需的食物份數；另外，在園所中廚房媽媽或者是製備食物的人有時會有異動或是休假的情形，因此在園所的膳食製備中，需要建立一套自己的標準流程，一方面可以大量製備食物，另一方面可以因應人員異動或請假所帶來的衝擊。因此本節將介紹如何將小量食譜變成可以供應全部園所人員食用的食譜，而且是每個人依照此食譜都可以做出相同質與量的菜餚，我們稱此食譜為「標準食譜卡」。

一、標準食譜卡的製作步驟

　　照著標準食譜卡所烹調出一道菜的量通常可供應五十至一百人份，園所可以依據園所人數去決定標準食譜卡的量是以幾人份為主。標準食譜卡的優點是可以精簡製備時間、程序、成本及人力，所以為了讓每個人都能夠烹飪

出相同品質、味道的菜，標準食譜卡內要非常詳細地記錄菜餚的材料、製作流程、使用器具、前處理及製備時間等，讓每個人都能照食譜做出品質一致的料理。以下就介紹如何將小量食譜轉換成標準食譜卡。

1. 依照第三章第八節所設計出來的菜單，選擇其中一道菜，練習寫成五人份的食譜，內容包含正確材料、數量與具體的製作步驟。

2. 試做食譜，如果結果很理想，則將五人份食譜的材料乘以五倍之量繼續試做（二十五人份），並依據食物之煮熟度，調整製備的時間。

3. 將二十五人份量食譜乘以雙倍（五十人份）重做一次，重新品評再調整製備的時間，使製備出來的菜餚色、香、味與小量食譜相同，到此階段就可依據園所所需決定是否再行放大食譜人數。

二、標準食譜卡的內容

標準食譜卡之內容大致包含下列幾項：

1. 菜單名稱。

2. 食譜編號：菜單編號可以幫助做簡易的歸類，命名可依照季節做歸類，如春天的代碼用「春」、夏天的代碼用「夏」，以此類推，第二碼可以依照食物的葷（M）、素（V）或半葷素（H）分類，舉例而言，夏天的素菜編號為「夏 V-001」。

3. 標準配方：所有材料名稱、調味料名稱及使用量皆要詳述，不要使用「適量」或「少許」表示。

4. 製作流程：含前處理與實際烹調流程都需要詳細寫下來。

5. 每份成品的供應量。

6. 每份供應量的營養素計算：包含蛋白質、脂肪、醣類的克數與熱量。

7. 該食譜可供應的總份數。

8. 使用器具：必要時要載明器具規格。

9. 注意事項：應將食譜材料選用、製備前處理、製作烹調注意事項列於其中。

10. 其他：比如需要特殊擺盤或搭配。

三、標準食譜卡的範例

如表 5-16。

四、使用標準食譜卡的注意事項

1. 所有標準食譜卡的食材重量必須為生品可食重量。
2. 使用他人設計的標準食譜卡時，園所需依照實際設備狀況重新調整。
3. 在做菜餚的配置時，需考量視覺的搭配性，讓整體菜色顏色豐富。
4. 區分季節性的菜單，避免使用非當季食材的食譜。
5. 標準食譜卡需要妥善收藏及備份。

貳、循環菜單的設計

在園所為了作業方便以及成本控制，不可能支付一個人力每天去做菜單設計，因此會採用循環菜單的方式去做餐點的製作與供應。所謂的循環菜單，簡單來說就是「設計出一系列的菜單，可供循環使用，使用者無須每日設計菜單」，一套循環菜單的設計以三週為期限，將這三週中每天每個餐次都設計出不同的菜單搭配，多設計幾套循環菜單搭配使用，就可以半年到一年無須做菜單的設計，只需做簡易的修改即可。

一、循環菜單的設計方法

我們可以依照本章第一節所學的幼兒膳食設計方法，先將所需要的設計餐次的六大類食物份數設計出來，然後開始進行循環菜單的設計，循環菜單的設計只需將菜單名稱寫出來，然後依據每道菜的標準食譜卡製作，而每道菜餚的供應重量，則需依照計算出來的菜單份數做食材的代換，就可達到一個營養均衡的飲食模式，詳細說明循環菜單的設計方法如下：

表5-16　標準食譜卡

食譜編號	夏 H-001	總份數	100 人
菜單名稱	三彩蝦仁	每份成品重	65 公克

標準配方			製作流程
材料名稱		重量	1. 蝦仁去腸泥，加入兩杯太白粉水及一湯匙鹽巴，抓一抓去除黏膩感。
蝦仁		1.5 公斤	2. 紅、黃椒切小塊。
紅椒		2.5 公斤	3. 先用中火起油鍋，加入三杯橄欖油。
黃椒		2.5 公斤	4. 轉小火，放入紅、黃椒塊。
鹽		4 湯匙	5. 加入三湯匙鹽、兩湯匙雞粉、三杯水及一杯米酒。
太白粉水	太白粉	2 杯	6. 轉中火，放入蝦仁及三杯水將所有材料拌勻並燒至水滾。
	水	2 杯	7. 轉小火，燜煮約五分鐘。
米酒		1 杯	8. 加入剩餘的太白粉水勾芡，均勻拌炒所有材料。
雞粉		2 湯匙	9. 加入香油拌炒後起鍋。
橄欖油		2 杯	注意事項
香油		3 大匙	1. 供應成品時，必須確認份量一致。
水		6 杯	2. 太白粉水放置一段時間後易產生沉澱，入鍋拌炒前記得需再攪拌均勻。

器具：炒鍋、大鍋鏟。	食物份數表（每份供應）		每份營養素計算（65 公克）	
	食物種類	份數	蛋白質	4 公克
	乳品類		脂肪	7.5 公克
	全穀根莖類		醣類	2.5 公克
	豆魚肉蛋類	0.5	熱量	95 大卡
	蔬菜類	0.5		
	水果類			
	油脂類	1.0		

1. 先將表格畫出來，其中 A1、A2……等菜單代號皆代表一天菜單，然後將餐點所需的六大類食物份數表標註其上，協助菜單編寫。

菜單代號 \ 食物份數	早點			午餐				午點		
	主食1份	葷0.5份素0.5份	牛乳1份或水果1份	主食2.5份	葷1份	半葷素葷0.3份素0.5份	炒青菜1份	主食1份	葷0.5份素0.5份	牛乳1份或水果1份
A1										
A2										
A3										
A4										
A5										

＊附註：葷表示豆魚肉蛋類食物、素表示蔬菜類食物。

2. 在菜單中先填入各個餐點的主食、葷菜及半葷菜種類，以免菜色重複。

菜單代號 \ 食物份數	早點			午餐				午點		
	主食1份	葷0.5份素0.5份	牛乳1份或水果1份	主食2.5份	葷1份	半葷素葷0.3份素0.5份	炒青菜1份	主食1份	葷0.5份素0.5份	牛乳1份或水果1份
A1	飯	豬		稀飯	魚	豬		麵	豬	
A2	稀飯	豬		飯	豬	黃豆		中式點心	豬	
A3	點心	魚		飯	雞	豬		中式點心	豬	
A4	麵包	豬		麵	豬	海鮮		稀飯	魚	
A5	稀飯	魚		飯	豬	蛋		中式點心	豬	

3. 將水果或牛乳填入早點和午點，將炒青菜填在午餐，使每天飲食中都有蔬菜及水果，並讓幼兒每週可以喝到兩次以上的牛乳。

菜單代號 \ 食物份數	早點			午餐				午點		
	主食1份	葷0.5份素0.5份	牛乳1份或水果1份	主食2.5份	葷1份	半葷素葷0.3份素0.5份	炒青菜1份	主食1份	葷0.5份素0.5份	牛乳1份或水果1份
A1	飯	豬	牛乳	稀飯	魚	豬	炒青菜	麵	豬	水果
A2	稀飯	豬	牛乳	飯	豬	黃豆	炒青菜	中式點心	豬	水果
A3	點心	魚	水果	飯	雞	豬	炒青菜	中式點心	豬	牛乳
A4	麵包	豬	牛乳	麵	豬	海鮮	炒青菜	稀飯	魚	水果
A5	稀飯	魚	牛乳	飯	豬	蛋	炒青菜	中式點心	豬	水果

4. 依照膳食設計運算出來食物份數填入適當的菜單名稱，例如早點為主食類 1 份、豆魚肉蛋 0.5 份、牛乳或水果 1 份，則依其份數填入適當菜單，午餐及午點也依其原則填入相關菜單，依據菜單上的食物種類將每天的菜名填入。

食物份數＼菜單代號	早點			午餐				午點		
	主食1份	葷0.5份素0.5份	牛乳1份或水果1份	主食2.5份	葷1份	半葷素葷0.3份素0.5份	炒青菜1份	主食1份	葷0.5份素0.5份	牛乳1份或水果1份
A1	飯糰		牛乳	稀飯	紅燒鯊魚丁	金瓜肉末	炒青菜	肉絲炒麵		水果
A2	豬肉鹹稀飯		牛乳	飯	梅干扣肉片	西芹素腰花	炒青菜	鹹湯圓		水果
A3	黑輪		水果	飯	照燒雞排	魚香茄子	炒青菜	肉包		牛乳
A4	肉片三明治		牛乳	麵	沙茶肉片	開陽胡瓜	炒青菜	魩仔魚粥		水果
A5	鮮魚番茄粥		牛乳	飯	魩魚炒蛋	韭花肉絲	炒青菜	燒賣		水果

5. 以此類推將其他天數的菜單全部設計完畢，詳見表 5-17。

表5-17　A1-A17 菜單範例

食物份數＼菜單代號	早點			午餐				午點		
	主食1份	葷0.5份素0.5份	牛乳1份或水果1份	主食2.5份	葷1份	半葷素葷0.3份素0.5份	炒青菜1份	主食1份	葷0.5份素0.5份	牛乳1份或水果1份
A1	飯糰		牛乳	稀飯	紅燒鯊魚丁	金瓜肉末	炒青菜	肉絲炒麵		水果
A2	豬肉鹹稀飯		牛乳	飯	梅干扣肉片	西芹素腰花	炒青菜	鹹湯圓		水果
A3	黑輪		水果	飯	照燒雞排	魚香茄子	炒青菜	肉包		牛乳
A4	肉片三明治		牛乳	麵	沙茶肉片	開陽胡瓜	炒青菜	魩仔魚粥		水果
A5	鮮魚番茄粥		牛乳	飯	魩魚炒蛋	韭花肉絲	炒青菜	燒賣		水果
A6	薯香肉末麵		黃豆牛乳	飯	鮮蝦蒸蛋	涼薯炒肉絲	炒青菜	花枝捲		牛乳
A7	饅頭夾蛋		牛乳	稀飯	家常豆腐	馬鈴薯燉肉	炒青菜	清新麥角粥		水果
A8	玉米濃湯、小餐包		牛乳	飯	烤雞腿	胡瓜炒絞肉	炒青菜	油豆腐細粉湯		水果
A9	肉包		牛乳	飯	蒜香雞排	菜脯蛋	炒青菜	滴水晶餃		水果
A10	玉米蛋餅		牛乳	飯	淋汁海雞腿	芹菜腐皮	炒青菜	涼薯炒雞絲		水果
A11	飯糰		五穀漿	刀削麵	魚排	綠花菜肉羹	炒青菜	水餃		水果
A12	烤吐司		木瓜牛乳	飯	麵輪燒肉	高麗菜肉捲	炒青菜	四季豆花枝羹		水果
A13	煎餃		牛乳	麵	蒸瓜子肉餅	炒三絲	炒青菜	蛋炒飯		水果
A14	炒米粉		水果	飯	回鍋肉	蕃茄釀肉	炒青菜	玉米雞末馬鈴薯泥		牛乳
A15	銀絲卷		新鮮果汁	稀飯	茄汁旗魚片	甜豆蝦仁	炒青菜	花生吐司		牛乳
A16	蔥油餅加蛋		牛乳	飯	白帶魚	海帶結燉肉	炒青菜	肉絲粄條		水果
A17	鮪魚吐司		牛乳	飯	滷豬排	絲瓜蛤蜊	炒青菜	紅蘿蔔排骨粥		水果

附註：
A. 米飯可用糙米或五穀米代替，白麵包跟包子可用全麥類製品代替。
B. 青菜、水果以當季盛產時蔬及水果為主。

6. 將一週中的某天挑出來，菜單設計方法與上述步驟 1 至 5 相同，菜單代號另以 H 開頭，做特別的幼兒膳食設計，並單獨做一個循環，此法可以增加菜單的豐富性，在表 5-18 列出以星期二為單獨循環設計之菜單。

 表5-18　H1-H4 菜單範例

菜單代號 \ 食物份數	早點			午餐				午點		
	主食 1 份	葷 0.5 份 素 0.5 份	牛乳 1 份 或 水果 1 份	主食 2.5 份	葷 1 份	半葷素 葷 0.3 份 素 0.5 份	炒青菜 1 份	主食 1 份	葷 0.5 份 素 0.5 份	牛乳 1 份 或 水果 1 份
H1	珍珠丸燒賣		牛乳	肉燥飯	糖醋丸子	絲瓜蛤蜊	炒青菜	芝麻球		水果
H2	高麗菜肉包		新鮮果汁	蛋包飯	香酥雞腿	涼拌小黃瓜	炒青菜	粉粿		水果
H3	豬肉堡		牛乳	義大利麵	涼拌三色豆	奶油甘藍菜	炒青菜	烤地瓜		水果
H4	雞絲袋餅		牛乳	白吐司	煎豬排	焗烤大白菜	炒青菜	喜瑞爾穀片		水果
H5	蔬菜蛋餅		牛乳	親子丼	涼拌豆腐	鮮蝦蘆筍沙拉	炒青菜	桂圓粥		水果

7. 用菜單代碼組成循環菜餐（表 5-19），其中星期二是以 H 開頭的菜單做單獨的循環。

 表5-19　循環菜單的設計範例

週次 \ 星期	星期一	星期二	星期三	星期四	星期五
第一週	A1	H1	A2	A3	A4
第二週	A5	H2	A6	A7	A8
第三週	A9	H3	A10	A11	A12
第四週	A13	H4	A14	A15	A16
第五週	A17	H5	A1	A2	A3
第六週	A4	H1	A5	A6	A7
第七週	A8	H2	A9	A10	A11
第八週	A12	H3	A13	A14	A15
第九週	A16	H4	A17	A1	A2
第十週	A3	H5	A4	A5	A6
第十一週	A7	H1	A8	A9	A10
第十二週	A11	H2	A12	A13	A14

二、園所使用循環菜單注意事項

1. 循環的菜單最好不要很快的又循環到星期中的同一天，例如 A1 的菜排列在星期一，不要再讓 A1 很快又循環到星期一。

2. 切勿在同一個餐次重複使用同樣的材料製備出不同的菜色，以高麗菜為例，避免在同一個餐次出現炒高麗菜與高麗菜卷。

3. 避免在同一個餐次重複使用同樣的烹調方法，例如在同一餐中同時設計紅燒魚、紅燒獅子頭……等，皆為紅燒類的菜餚。

4. 在做菜單設計時可以挑出星期中的某一天做特別的菜單設計與循環，例如在禮拜二做特別的菜單設計，以H1 至H5 表示，讓星期二這一天單獨做菜單循環，可增加循環菜單的豐富性。

5. 了解食材成本，避免設計出不切實際的菜餚，例如黑海參燴干貝，黑海參與干貝皆屬單價高之食材，不適合用於園所菜單設計。

6. 需於園所網站或公布欄中公布循環菜單，並至少保留一個月。

7. 菜單中每週需提供三次以上不同種類的水果。

8. 每週至少提供二至三次 100%乳品，且盡量不使用調味乳。

9. 不提供含咖啡因之飲品及碳酸飲料，例如咖啡、奶茶、紅茶、汽水……等。

10. 減少食品加工品的使用，如培根、熱狗、香腸……等。

三、園所使用循環菜單的優缺點

　　園所使用循環菜單有其優缺點，優點是可精簡菜單設計時間，而缺點則可能不合時宜節慶，例如在冬至時不能吃到湯圓，在端午節沒有粽子……等，以下將循環菜單優缺點列出，以供設計人員參考。

(一) 循環菜單優點

1. 增加工作的可取代性，減少人員請假造成的衝擊。
2. 減低菜單設計造成的人事負擔。
3. 增加採買效率，減低採購成本。
4. 便於食材的倉管，並能控制食材價格。
5. 重複的製備訓練，使人員對食物製備更加有效率。
6. 可避免用到非季節性的食材。

(二) 循環菜單缺點

1. 菜單配置週期太短時，菜色會過於單調。
2. 因自然災害產生食材漲價時，會使設計出來的菜單受到影響，而需臨時變動。
3. 當有剩菜產生時，會影響到下一餐的菜單設計，此點可於隔餐增加或取代一道菜色的方式處理。
4. 特殊節日時無法應景，此點可於每月先挑出特別節慶，預先加入節慶菜單。
5. 無法處理突然出現的食材，如廠商贈送或家長贈送之食材，此點可於隔天增加或取代一道菜色的方式處理。

第四節　幼兒園食物採購與管理

　　幼兒園所餐點供應大部分的成本消耗源於食物採購與管理，良好的採購與管理會讓供餐成本降到最低，所以在做好成本管控時，要注意到採購合約的建立、良好的食材供應商以及採購人員的職業道德，本節將針對此內容做進一步的討論。

一、採購合約的建立

　　幼兒園與廠商訂定採購合約，可確保食材品質、價格、到貨日……等，亦即採購合約是一種具有法律束縛的文件，買賣雙方依據需求，協議遵守事項，雙方需依規定履行文件。合約的內容包括下列事項：

1. 廠商名稱、地址及電話。
2. 廠商聯絡人姓名及職稱。
3. 採購物品名稱。
4. 簽約日期。
5. 品質管理。
6. 物品數量。
7. 物品單價跟總價。
8. 付款條件。
9. 交貨日期。
10. 交貨地點。
11. 包裝方式。
12. 查驗、測試或驗收之程序及期限。
13. 廠商應提出之文件。
14. 保證金及其他擔保之種類、額度、繳納、不發還、退還及終止等事項。
15. 履約期限。
16. 契約之轉讓。
17. 保險之種類、額度、投保及理賠。
18. 契約之終止、解除或暫停執行。
19. 履約爭議之處理。
20. 其他與履約有關之事項。

二、採購合約範例（表 5-20）

表5-20 採購合約範例

合約文號：

簽約日期：中華民國　　　年　　　月　　　日

買方（以下稱甲方）＿＿＿＿＿＿＿＿＿＿＿＿＿＿＿＿

賣方（以下稱乙方）＿＿＿＿＿＿＿＿＿＿＿＿＿＿＿＿

甲、乙雙方願本誠信、互惠之精神為園所師生提供食材，經雙方協議訂立合約條款如下：

1. 乙方所供應之食材，必須取得「CAS、GMP 優良食品標誌」或 ISO 認證，且通過農藥殘留檢測。

2. 乙方所供應的食材包裝需有完整標示（公司名稱、地址、電話、製造日期、有效期限），如發現所送食品超過有效期限、不新鮮者，甲方得通知退回，並扣當日此項貨款之金額，而乙方須在當日上午＿＿＿時內補足食材，否則得處以貨價的千分之＿＿＿＿罰金。

3. 食譜設計由甲方提供，甲方於每週＿＿＿＿前提交次週食譜，並載明各項食材之明細，乙方依甲方需求提供適量的食材。

4. 乙方供應各項食材以單日計價，每日以新台幣＿＿＿＿＿元為上限，超過的部分由乙方自行吸收。

5. 乙方供應食材期間，甲方因課程安排停辦供餐時需於＿＿＿＿日前通知乙方，乙方不得異議。

6. 貨品送達時間：乙方應於每天＿＿＿＿＿前將當天食材送達甲方廚房，經甲方驗菜人員檢驗合格簽收後，始確立交易行為。

7. 乙方無故輟送而致甲方無法正常供餐時，乙方應負：
   (1) 賠償：其金額以園所每人新台幣＿＿＿＿＿元賠償金額。
   (2) 提供當天全校師生所需之便當。

8. 遇天災導致物價幅度波動時，乙方需告知甲方並提出更改食譜食材供應之請求，若乙方未提變更請求，則依原定食譜價格供應食材。

9. 保險：乙方應提供甲方新台幣＿＿＿＿＿元以上之產品責任險。

10. 解約辦法：
    (1) 當乙方違規頻率超過＿＿＿＿次或情節重大，甲方得終止契約。
    (2) 如乙方未能履行合約逾期（　　）日，甲方得自行解除本約。

11. 履約保證人：乙方需負擔甲方履行本合約各項條款，否則由乙方保證人賠償甲方一切損失。

12. 本合約有效期限自民國　　年　　月　　日起至　　年　　月　　日止。

立合約書人：

甲方：	乙方：
法定負責人簽章：	法定負責人簽章：
住址：	住址：
電話：	電話：
傳真：	傳真：
	保證人：
	身分證字號：
	保證人簽章：

三、食材供應商

　　園所隨時需要建立自己的廠商名冊，維持良好穩定的供貨品質與服務，切勿只有一家廠商而無替代廠商，如此情況會使園所陷入價格劣勢或遇緊急狀況無法遞補處理的窘境，在選擇食材供應商時需要注意以下條件：

　　1. 選擇信譽良好，有合格登記的供應商。

　　2. 建立合格供應商資料表（表 5-21）。

　　3. 雙方以互惠為原則，無須壓榨廠商價格。

　　4. 同一類食材至少要有兩家以上的供應商。

　　5. 定時更新供應商名單與報價。

表5-21　合格供應商資料表

建立日期：

建立人：

廠商類別：

公司名稱		統一編號	
公司地址			
公司電話		公司傳真	
公司網址			
負責人姓名		負責人身分證字號	
負責人戶籍地址			
聯絡人姓名		聯絡人電話	
聯絡人 e-mail			
產品種類			
技術執照或證照			
有無統一發票			
備註			

四、採購人員應有之倫理準則

　　1. 採購程序需要公平、公開。

2. 採購人員應秉持廉潔與自持。

3. 採購人員需依相關規定辦理採購。

4. 不可利用職務關係收受廠商賄賂、回扣、餽贈、優惠交易或其他不正當利益。

5. 不可利用職務關係收受廠商免費或優惠招待。

6. 不可洩漏有利益關係的採購資訊。

7. 不可藉婚喪喜慶向廠商收取金錢或財物。

8. 不可利用職務關係於工作場所張貼或懸掛廠商廣告物。

9. 不可利用職務關係媒介親友至廠商處所任職。

10. 不可利用職務關係與廠商有借貸或投資關係。

11. 不可要求廠商提供與採購無關之服務。

12. 不可為廠商請託或關說。

第五節　幼兒園膳食的衛生安全

一、食物中毒的類型

當食物受到污染時，大量細菌、天然毒素或化學性毒素等有害物質侵入人體後，引發消化系統及神經系統等生理不適症狀，並有兩人或兩人以上發生相似的症狀，稱為一件「食品中毒」。食物中毒時，輕微會引起嘔吐、腹瀉、腹痛等症狀，嚴重者則會導致死亡，以下就依食物中毒類型做簡單的分類介紹：

(一) 細菌型食物中毒

1. 感染型：食品遭受病原菌污染，隨著時間病原菌繁殖數目會逐漸增加，當人誤食受污染的食物時，病原菌會於腸道中繼續繁殖下去而引發食物中毒。此型的食物中毒症狀較輕微，潛伏期較長，而且多半會有發燒現象，常見感染型中毒如沙門氏桿菌、腸炎弧菌等病原菌感染中毒。

2. 毒素型：食品遭受病原菌污染，病原菌在食品中繁殖時產生毒素，當

人誤食受污染的食物時，毒素所引發食物中毒，症狀為嘔吐、腹瀉、下痢、虛脫，若是神經性毒素，還會有神經麻痺等神經中毒症狀。常見毒素型中毒如金黃色葡萄球菌或肉毒桿菌的毒素中毒。

3. 中間型：食品遭受病原菌污染，食入被污染的食物後，此病原菌會在人體腸道產生內毒素，而引發中毒症狀。常見中間型中毒如仙人掌桿菌、病原性大腸桿菌或產氣莢膜桿菌引發的食物中毒。

(二) 天然毒素之食物中毒

1. 植物性食物中毒：誤食含有天然植物性毒素的食物，如毒菇、發芽變色的馬鈴薯等。

2. 動物型食物中毒：誤食含有天然動物性毒素的食物，如河豚毒、麻痺型貝中毒等。

3. 化學性食物中毒：誤食具有毒性的化學物質如農藥、殺蟲劑或殺鼠劑等引發的食物中毒。

二、食物中毒常見的原因

台灣地處亞熱帶，一年四季從早到晚的溫度均適合細菌繁殖，近十年來園所常見的食物中毒以細菌性食物中毒發生率較高，其中最常見的致病菌依序為腸炎弧菌、金黃色葡萄球菌、仙人掌桿菌等。食品放在 10～65°C 之間，超過四小時以上，只要食物曾經細菌污染，均可能發生食品中毒，所以園所需要特別注意食物儲存及製備的衛生條件，避免食物中毒的發生。引發食物中毒常見的原因有：

1. 食物冷藏或加熱溫度不足。

2. 食物調製後不當的保存。

3. 工作人員不良的衛生習慣。

4. 罹患食物中毒的工作人員所造成的食物污染。

5. 生、熟食未妥善處理，造成交互污染。

6. 調理食物的器具或設備未清洗乾淨。

7. 水源被污染。

8. 誤食含有天然毒素的食物。

三、預防食物中毒的方法

要預防食物中毒在處理食物時應遵守下列的原則：

1. 使用新鮮的食材：使用新鮮的農、畜、水產品、調味料及添加物。

2. 徹底清潔：食物應清洗，調理及貯存場所、器具、容器均應保持清潔。

3. 避免交互污染：廚房應備兩套刀和砧板，分開處理生、熟食。

4. 注意食物加熱和低溫處理：保持熱食恆熱、冷食恆冷原則，加熱時要超過 70°C 以上，使細菌完全被殺滅。食物短期保存使用冷藏法，冷藏要維持在 7°C 以下，抑制細菌生長；食物長期保存採冷凍法，溫度需在-18°C 以下，使細菌不能繁殖。

5. 良好的衛生習慣，調理食物前後需徹底洗淨雙手。

6. 操作人員若手部有傷口，必須完全包紮好才可調理食物，切勿直接接觸食物。

7. 定期執行膳食衛生安全檢查：園所應訂定膳食衛生安全檢查表（表5-22），並確實進行查驗。

 表5-22　膳食衛生安全檢查表

檢查日期：
園所名稱：

	檢查項目	合格(○) 不合格(×)	建議
個人衛生	1. 穿著規定工作服、口罩、帽子與手套。		
	2. 隨時維持手部潔淨。		
	3. 不可留指甲、塗指甲油、配戴手錶或飾物。		
	4. 不以衣袖擦汗、衣褲擦手。		
	5. 打噴嚏時，需用衛生紙巾掩蓋，並背對食物。		
	6. 手部沒有傷口，如有傷口要妥善包紮。		
	7. 手指不碰觸餐具內緣或熟食。		
	8. 製備食物時避免交談。		
	9. 應戴丟棄式衛生手套調理不加熱食用之食品。		
	10. 製備食物時不得有吸菸、嚼檳榔、飲食等污染食品行為。		
	11. 每年應至少接受健康檢查一次。		

（續）

	檢查項目	合格(○) 不合格(×)	建議
工作前	1.製備前，確認食材足量，不足時需提前訂購。		
	2.確實掌握食材數量與新鮮度。		
	3.確實清點外送餐點或半成品之數量與新鮮度。		
	4.妥善洗滌與儲存食物。		
	5.食物解凍過程中應予加蓋，以避免污染。		
	6.所用的刀具與設備皆有妥善清潔。		
調理加工衛生	1.配膳台與工作台應隨時保持清潔。		
	2.熱保溫槽內充填水應每餐更換。		
	3.切割生、熟食有分開的刀及砧板。		
	4.切割不再加熱之食品、水果使用塑膠砧板。		
	5.每日確實使用餐具檢查試劑抽檢餐具。		
	6.食物不直接放置地面，運送烹調好的食物需有加蓋。		
	7.確認食物完全煮熟。		
	8.食品之中心溫度不得低於60℃。		
	9.食物之調理確實完全熟透，熱湯需先放涼再送至教室。		
	10.嘗試味道時不直接接觸食物成品，需用湯匙及碗。		
	11.烹調成品應取樣乙份，包好置於7℃以下冷藏，寫上日期，保存兩天以上備驗。		
	12.供應食物區應設有防止點菜者之飛沫污染設施。		
	13.所烹調的食物及米飯中無不衛生之情形（不能出現小石頭、米蟲、菜蟲、頭髮、螞蟻……等）。		
	14.食品原料與成品應分別妥善保存，防止污染及腐敗。		
	15.工作場所及餐廳內，不得住宿及飼養牲畜。		
	16.調理場所要有良好通風及排氣。		
整理工作	1.餐具、調理用具洗滌後歸回原置放處，菜瓜布、抹布每日清洗消毒。		
	2.刀及砧板使用後應確實洗淨殺菌完全，並不得有裂縫，不用時應側放或懸掛以保持乾燥。		
	3.水槽、工作台整理乾淨，不堆積物品。		
	4.使用有效殺菌法（說明1）清潔餐具及相關用具。		
	5.每次工作完需清理地板，保持乾燥、清潔。		
	6.清除排油煙機儲油槽，並做好定期清理。		
	7.洗滌餐具時，應以食品用洗滌劑，不得使用洗衣粉洗滌。		
	8.調理用之器具、容器及餐具應保持清潔，並妥為存放。		
	9.牆壁、支柱、天花板、燈飾、門窗保持清潔。		
	10.剩餘之菜餚、廚餘及其他廢棄物應使用有蓋子的垃圾桶或廚餘桶。		

（續）

	檢查項目	合格(○) 不合格(×)	建議
其他	1.四周環境應保持整潔，排水系統應經常清理，保持暢通，並應有防止病媒侵入之設備。		
	2.出入口門窗及其他孔道，應有紗門、紗窗或其他防止病媒侵入之設備，並隨時關上並保持清潔。		
	3.每日確實依據檢查表自行檢查，不合格項目自行改善。		
	4.將檢查表製冊建檔保存，以備園方或相關人員查核。		
	5.設置幼兒專用洗手設施，並放置洗手乳、擦手紙等相關設備。		
	6.標示正確洗手方法於洗手設施處。		
	7.負責製備食物人員必須定期接受衛生講習。		
	8.園所必須指派人員定期稽核所有項目確實執行。		

說明：
1. 有效殺菌法，係指採用下列方法之一殺菌者而言：
　(1)煮沸殺菌法：溫度 100°C，時間五分鐘以上（毛巾、抹布等），一分鐘以上（餐具）。
　(2)蒸氣殺菌法：溫度 100°C，時間十分鐘以上（毛巾、抹布等），兩分鐘以上（餐具）。
　(3)熱水殺菌法：溫度 80°C，時間兩分鐘以上（餐具）。
　(4)氯液殺菌法：氯液之餘氯量不得低於百萬分之兩百，浸入溶液中時間兩分鐘以上（餐具）。
　(5)乾熱殺菌法：溫度 110°C，時間三十分鐘以上（餐具）。
2. 按員工管理合約書：「如廚房從業人員經稽核人員指出不合格項目後，必須馬上改正，若經複查後二日內仍未改善者，第一次給予口頭警戒，若仍未改善者，第二次罰款新台幣_____元正。第二次罰款後二日再複查，若仍未改善者，所方有權終止人員任用。」

備註：

衛生負責人簽名：

稽核人員簽名：

四、食物中毒之應變

萬一發生食物中毒，宜採取「送」、「驗」、「報」三措施，以便有效處理，圖 5-2 為學校遇到食物中毒之標準處理流程。

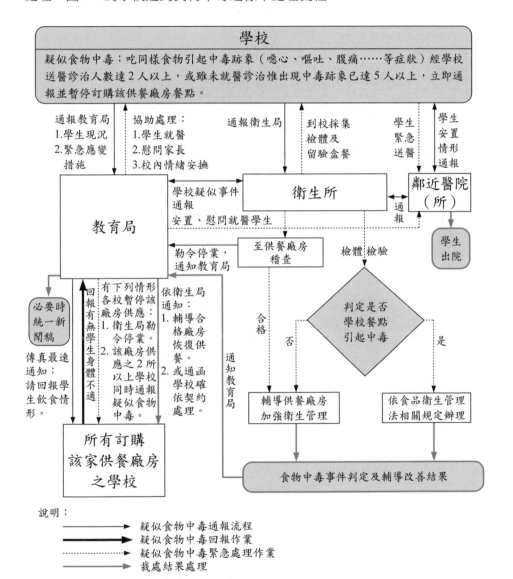

圖 5-2　台北市各級學校疑似食物中毒事件處理流程

資料來源：台北市政府教育局體育及衛生保健科（2011a）。

學校食物中毒之標準處理流程：

1. 送：迅速將患者送醫急救。
2. 驗：保留剩餘食品及患者之嘔吐物或排泄物留存冰箱內（冷藏，不可冷凍），填寫食物中毒報告單（表5-23）並盡速通知衛生單位檢驗。
3. 報：醫療院所發現食物中毒病患，應在二十四小時內通知衛生單位。

表5-23　學校疑似食物中毒事件簡速報告單

一、校　　名：台北市 ＿＿＿＿＿＿＿＿＿＿＿＿＿＿＿學校

　　聯絡電話：＿＿＿＿＿＿＿＿傳真電話：＿＿＿＿＿＿＿＿

二、涉疑食品：＿＿＿＿＿＿；食品來源或廠商名稱：＿＿＿＿＿＿

三、進食時間：＿＿年＿＿月＿＿日＿＿時

四、發病時間：＿＿年＿＿月＿＿日＿＿時至＿＿時

五、攝　食　人　數：學生＿＿人，教職員工＿＿人

　　疑　似　中　毒　人　數：學生＿＿人，教職員工＿＿人

　　就　　醫　　人　　數：學生＿＿人，教職員工＿＿人

　　截至目前尚在醫院人數：學生＿＿人，教職員工＿＿人

六、午餐種類：□自辦廚房　　　　　　　　□委外辦理

　　　　　　　□受＿＿＿＿＿＿＿（學校）供應　□評鑑合格廠商供應

　　　　　　　□其他

七、當日午餐菜單：

　　主　　食：

　　副　　食：

　　湯或水果：

八、主要症狀：

　　□噁心　　　□嘔吐　　　□上腹痛　□下腹痛

　　□腹瀉　　　□發燒　　　□喉嚨痛

　　□過敏反應（□臉部潮紅□發癢□發疹等）

　　□神經症狀（□視覺障礙□麻痺□暈眩等）

　　□其他（請說明：＿＿＿＿＿＿＿＿＿＿＿＿＿）

（續）

九、推測原因：

　　□廚工個人衛生習慣不良□廚工健康欠佳□食材來源

　　□送達時間□保存溫度□保存時間□環境衛生不良

　　□購買半成品（名稱：＿＿＿＿＿＿＿＿＿＿＿＿）

　　□其他（請註明：＿＿＿＿＿＿＿＿＿＿＿＿）

十、處理情形：

　　1.不適學生或教職員工方面

　　　　□就醫送診　　　　□回家休養　　　□通知家長

　　2.衛生單位檢查採樣項目

　　　　□食品檢體　　　□患者人體檢體

　　　　□環境檢體　　　□食品工作人員檢體

　　3.場所方面

　　　□限期改善（＿月＿日前）　　□輔導改進　　□全面消毒

　　　□暫停使用　□其他（請註明：＿＿＿＿＿＿＿＿＿）

十一、其他：

　　　因應替代措施：

十二、聯絡單位：衛生局藥物食品管理處：電話：27205322

　　　　　　　　　　　　　　　　　傳真：27205321

　　　　　　　　教育局體衛科：電話：27256394-5

　　　　　　　　　　　　　　　傳真：27593365

　　　填表人：　　　　　單位主管：

　　　　　　　　　　　　聯絡電話：

　　　　　　　　　　　　填送時間：＿＿＿年＿＿＿月＿＿＿日＿＿＿時＿＿＿分

資料來源：台北市政府教育局體育及衛生保健科（2011b）。

第六節 結論

　　幼兒園所膳食設計的最終目標是培養幼兒良好的飲食與衛生習慣、促進幼兒正常生長與發育。園所在設計幼兒飲食時，除了要考慮到均衡的營養，更要注意採購成本及食品安全衛生問題，所以園所人員要隨時充實自己的專業知識及危機處理能力，才能使幼兒膳食達到最周全的考量與設計。

第六章

幼兒營養膳食
課程與教學

陳淑美、黃品欣　著

　　幼兒是國家未來的主人翁，幼兒健康狀況不佳，會影響國家未來的發展，也會造成日後醫療成本的增加，良好的飲食習慣在幼兒期即應開始建立，如何運用各種教學方法來教育學齡前幼兒營養教育的基本概念，除了讓幼兒了解人必須靠食物成長並保持身體健康、明白許多食物對身體的益處，還有知道營養素有其特定的功能等（許惠玉，2003），而這些都有賴教保人員努力，因此如何讓課程規劃符合幼兒學習興趣，使幼兒習得相關的知識和概念是本章的重點。

第一節　幼兒營養教育的意義與重要性

　　幼兒期的發育和成長是一生中最重要的階段，上一個階段的成長會影響下一個階段的發展。幼兒若沒有獲得均衡的營養，不僅會影響健康，亦會影響到學習（許惠玉，2003）。健康是人類的需求，而營養是健康的根本，自嬰兒出生開始整個生長教育的過程中，均衡營養是促成最佳狀況的基礎（何佩憶，2006），因此教保人員必須充分了解幼兒營養教育的意義與重要性，方能給予幼兒一個健康的未來。

一、幼兒營養教育的意義

就語意解析，「營」就是經營，是指控制下的健康狀態，「養」則是主動的飲食生活，「營養」即是透過飲食生活來保持及增進身體健康的狀態（王銘富，1993）。

簡單而言，營養的定義是指藉體外攝取之物質，在體內經由代謝作用之後達到成長、發育與生命的維持，而有一個健全的生命活動（王銘富，1993）。而幼兒「營養教育」則為運用多元的教學方法，幫助幼兒學習營養相關知識，建立對飲食的正確觀念及態度，培養對食物正確選擇的能力，並能應用於實際生活當中，以養成良好的飲食行為及生活型態，促進並維持個體良好的健康狀態（孫芳屏，2004）。幼兒期是個體對營養形成理解基礎的建構階段（黃慧真譯，1994），因此，營養教育對幼兒而言相當重要。而幼兒園是幼兒在家庭以外最重要的學習場所，故透過教師有系統、有計畫的課程安排，可讓幼兒學習到正確的飲食觀念及培養良好的習慣（盧佩旻，2008）。因此，有關六大類食物中的營養素成分及功用等相關知識，使幼兒能在日常生活中，對食物做正確的選擇，培養正確的衛生習慣、飲食行為，使個人能保持良好的健康狀態（盧佩旻，2008），都是營養教育的最重要功能。

二、幼兒營養教育的重要性

過去我國的健康政策著重於個體疾病的治療，但在預防性保健措施則略顯不足，國人普遍缺乏正確的營養知識及觀念，以致飲食習慣不良，此點也是慢性病防治上亟待改善的要項（孫芳屏，2004）。教育是提升知識的不二法門，不論是學校教育或是家庭教育，幼兒的營養教育都可藉由知識、態度及行為三方面來著手（盧佩旻，2008）。從小飲食習慣的養成，和長大以後的飲食攝取習慣有著密切的關係（許惠玉，2003）。成年後的體質是否健康，其基礎來自於青少年期，而青少年健康的根本來自於幼年時期均衡、健康、營養的飲食。因此，在幼兒時期就應有良好飲食習慣與營養認知（何佩憶，2006）。

第二節　幼兒園常見幼兒飲食問題

　　學齡前的幼兒在生理發展上是最快速的，因此在發展的黃金時期給予幼兒均衡的營養其重要性不言可喻。幼兒園之餐點設計首重營養的均衡，而一般幼兒園與托嬰中心在設計幼兒的營養餐點時，亦均能從符合幼兒營養所需，進行菜單設計和烹調，但是在飲食過程中，若遇到幼兒偏食或拒食，教保人員該如何進行輔導，以下幾點處理原則，提供教保人員做參考：

一、偏食或拒食的處理原則

　　幼兒自一歲起，開始對食物的種類、味道、形狀、顏色、溫度等有喜好與厭惡的感覺，這個時期的孩子開始具有選擇食物的權利，對周遭環境產生好奇，活動量變多，再加上個人嗜好與先天牙齒及消化系統的發育，孩子開始偏好某一種食物或厭惡某些特定食品，產生對食物之選擇有所偏好的行為，進而可能引起營養不良或不均衡，此行為稱為偏食。偏食跟厭食是父母和教保人員最頭痛的問題，一般成人會千方百計強逼幼兒多吃一些他們認為有營養的東西，反而使幼兒更厭惡吃飯，導致厭食。而此時大人對食物的批評、挑剔、營養觀念的偏差及烹調不得當等，均可能加深幼兒偏食的心理。有些父母過於放縱幼兒挑食或父母自己偏食，只供給幼兒或自己喜歡的食物，久而久之便養成只吃自己喜愛的食物。因此，在面對偏食或拒食的孩子，通常教保人員要運用專業的態度去了解、分析、評估孩子偏食、拒食的真正原因，才能給予適當的引導。因此了解偏食的原因為主要處理原則，而在面對偏食問題時，教保人員可運用的技巧如下：

(一) 了解家庭用餐習慣

　　透過和家長的溝通，了解幼兒在家中的用餐習慣，可提供家長幼兒家庭生活習慣評估表，了解幼兒的用餐習慣，並進行評估改善的方式；也可從家長方面給予溝通，配合改善幼兒的用餐習慣。

(二) 幼兒拒吃口味特別重的食物時

青椒、芹菜、苦瓜、茄子等長相特殊和味道重的食物，可請廚師在烹調時，予以切碎並加入碎肉或其他食材，中和其口味，並用可愛的造型模型，如：星星、愛心、凱蒂貓等，改變食物原有的樣子，引起幼兒進食的慾望。

(三) 幼兒牙齒的功能是否健全

牙齒的功能是否健康影響到幼兒的咀嚼能力，當幼兒乳齒蛀牙或處於換牙時期，齒列並不是很完整時，幼兒咀嚼肉類、根莖類食物會比較無法咬碎。此外，蛀牙會讓幼兒進餐時感到牙疼，影響進餐的意願。因此，食材切碎、切細，或將食物烹調軟一點，都有助於蛀牙幼兒的進食。

(四) 幼兒愛吃零食點心、不愛吃正餐

零食的魅力，在於多元、口味重、甜度高，因此常吸引幼兒的喜愛，教保人員宜選擇適當營養的零食當點心，在正餐之外的時間，補充幼兒適當的熱量。但須注意，過量的點心或給予點心的時間和正餐時間相近，會影響幼兒正餐的使用情形，因尚未產生飢餓感，進而影響食慾。因此，除了考慮幼兒飲食的偏好，成人多給予正確飲食態度的引導及變化不同的餐點，將有助幼兒建立均衡、健康的飲食態度。

(五) 家長的態度

家長的態度會直接影響幼兒飲食的習慣，所以和家長建立正向溝通的方法，除了透過面談、電話、家庭聯絡簿之外，建議可用專家的文章和家長分享，透過學者或專家等第三者的角色，提供正確的飲食訊息，以便調整家長正確的飲食觀念。

(六) 身體健康因素

幼兒本身若容易消化不良或脹氣，亦會影響幼兒進食的意願。易脹氣的孩子，一進食就產生肚子不舒服的連結反應，幼兒一定不愛用餐，因此，配合醫師治療改善身體狀況，也是治療幼兒偏食或拒食的重要方法。

(七) 心理壓力

幼兒可能因為面對園所或托嬰中心的新環境，適應不良，產生害怕心理，而拒絕進食。此時，安撫幼兒的情緒，給予幼兒安全感，並協助其盡快適應環境，才能改善幼兒用餐狀況。

(八) 情緒影響

幼兒因為早上起床的不悅（起床氣），或早上在家中和家長有衝突不悅的情況產生等，老師須先了解原因，給予輔導，轉化情緒，並引導其情緒表達及發洩，提升幼兒用餐的意願。

(九) 餐點沒有吸引力

色香味俱全是讓食物完美的基本原則，提供幼兒的食物也需特別注意。幼兒園經常更換不同的菜單內容，也是提高幼兒食慾的好方法。

(十) 未有自行進食的經驗

剛入園的幼兒，在家中的用餐經驗會影響其在園所的飲食表現。如果在家中用餐均由成人餵食，無自行用餐的經驗，幼兒會因無法自行進食而導致拒食或飲食緩慢。所以，指導幼兒進食的技巧，是教保人員可以協助加強幼兒飲食的方法。

二、與家長建立共識，共同為幼兒健康把關

食物所提供的營養在於食用者要均衡攝取及定時定量的進食。幼兒若有偏食或厭食的習慣都易造成營養不良、抵抗力不佳的狀況。因此，從小培養幼兒均衡飲食的健康習慣，是家庭與園所或托育機構的重要責任。除了幼兒在園所的時間，教保人員給予幼兒偏食和厭食的輔導之外，與家長合作溝通，讓偏食與厭食的幼兒在家中亦能調整用餐習慣，方能事半功倍，幫助幼兒盡早養成正確的用餐習慣。

(一) 以幼兒的健康為出發點收集、提供專家的資訊,會更具有說服性

現今社會出生率降低,每一個孩子都是家長的心肝寶貝,家長都希望幼兒頭好壯壯,但有時因為家長本身並未具有相關的健康知識,因此用錯了方法,誤導幼兒養成不良的飲食習慣。因此,園方或教師若能主動收集相關專家的營養與飲食資訊,提供家長參考,會讓教保人員在和家長溝通時更有交集和說服性。

(二) 和家長共同訂定幼兒用餐改善計畫表

如在園所執行幼兒每天吃兩種深綠色蔬菜的活動,則可請家長協助在家觀察和記錄,表 6-1 提供參考。

(三) 和家長共同檢核幼兒進步及需要加強的地方

透過聯絡簿、電話訪問或相關的紀錄表,和家長共同檢核幼兒進步及需要加強的地方。教保人員必須細心做紀錄,讓家長了解幼兒飲食的改變。

(四) 習慣的養成靠累積,教保人員、幼兒和家長都必須有耐心

培養幼兒養成良好飲食習慣的同時,也在培養幼兒的毅力和耐心。因此,如何在人格養成的黃金時期,協助幼兒培養這樣的能力,教保人員和家長的身教和引導非常重要。運用用餐的時間給予幼兒營養的機會教育、照顧者必須和幼兒吃相同的食物、鼓勵兒童嘗試各種不同的食物、不可將食物當作獎勵或處罰等,都是大人必須留心注意的。

(五) 肯定家長及幼兒的改變

成長和改變都是個人努力的成果,為了讓幼兒在此成長的過程中不感到孤單,教保人員可適時在公開的場合肯定幼兒的改變,以增強其延續的動機。

表6-1 幼兒用餐改善計畫表

○○幼兒園　幼兒用餐改善計畫表

親愛的家長您好：

　　為了提高幼兒的抵抗力和身體健康，希望從均衡的飲食培育幼兒健康的體質。下表是為了了解幼兒在家中的飲食狀況，請家長協助記錄每天幼兒晚餐的飲食內容，與園所共同維護幼兒的健康。

○○幼兒園　敬上

班級：　　　　　　　　　　　　　　幼兒姓名：

星期一	星期二	星期三	星期四	星期五
白飯（一碗）				
蘋果 1/4 個				
高麗菜（一小碟）				
茼蒿（一小碟）				
青江菜（一小碟）				
咖哩雞（一小碟）				
海帶湯（一碗）				

本週推行的重點：幼兒能每天吃兩種深綠色的蔬菜。感謝家長的協助與幫忙。

老師簽名：　　　　　　　　　家長簽名：

(六) 善加利用社會模仿法,鼓勵成功經驗的分享

若有改善成功的個案,可邀請家長在班級活動或園所公開活動時分享,或將改變過程記錄下來,放在園所的專刊,和其他家長分享成功的經驗,讓榜樣繼續維持,他人也有學習的對象。

(七) 改善進食的環境與氣氛

請親子共同營造良好的用餐環境,讓在餐桌上的時間是快樂的,而不是處處對幼兒飲食習慣的修正或指責,將能促進幼兒食慾,進而喜歡用餐。

學齡前幼兒的成長發育是奠定其一生健康體質的基礎,因此,如何養成正確的飲食習慣及營養觀念,有賴於家長和教保人員的用心和重視。培育健康的下一代,人人均需養成均衡飲食的好習慣,成人需以身作則,成為幼兒均衡飲食的好模範。

第三節 幼兒營養教育融入課程設計

教保人員在設計幼兒營養教學活動時,可以依據教育部所訂幼兒園教保活動課程大綱(草案)之幼兒發展六個領域(教育部,2012),將正確的營養概念、生活自理能力與多元的飲食文化,融入幼兒的學習活動。

一、身體動作領域

身體動作領域的飲食營養課程主要在培養幼兒主動覺察並調整基本動作技能,在飲食、清潔、整理、學習等日常活動中,維護自身安全,表現良好的生活習慣,練習以身體動作滿足生活自理,以擁有健康的身體(教育部,2012)。課程活動可透過生活學習課程,例如小小廚師製作食物,加深幼兒對食物與營養的概念,並由製作過程的切、搓、揉、洗、挖、串、塗、捲、包、搗、捏等過程,促進幼兒精細動作的發展;在飲食活動中,則養成飯前洗手、飯後漱口、潔牙的好習慣,透過熟練的身體動作學習生活自理,亦學

習餐桌禮儀等多元的飲食文化。

二、認知領域

認知領域主要在培養幼兒主動探索的習慣、有系統的思考能力，並樂於與他人溝通，共同合作解決問題。在幼兒營養教育中可透過大小、顏色、形狀對食物或食材學習分類或配對等遊戲，讓幼兒認識食物生長或製作的過程。另外，認識健康食物的保存期限及製造日期、量測食物的儀器，也可讓幼兒落實在生活經驗中，藉由實地操作獲得相關經驗。

三、語文領域

幼兒營養教育之語文發展可讓幼兒體驗並覺知飲食文化中語文的趣味與功能，培養幼兒合宜參與飲食文化中的餐桌禮儀與互動情境。理解飲食文化中人的肢體、口語、圖像符號與文字功能，並能適切的以肢體、口語、圖像、自創符號來表達。例如飲食時合宜的肢體動作；以肢體或口語表達食物的美味；以圖像或自創符號記錄食譜，聆聽或閱讀故事以了解食物的特性及其營養價值；透過角色扮演體驗並覺知不同節日的食物、異國食物的特色等飲食文化中語文的趣味與功能，加深幼兒學習印象。

四、社會領域

幼兒營養教育在社會領域之幼兒發展目標主要在協助幼兒透過活動的參與，建構我國飲食文化中的規範和價值體系。教保人員在設計課程活動時，讓幼兒體驗在地飲食文化並樂於接觸生活中多元的飲食文化。例如台灣各鄉鎮的名特產與飲食特色、節慶之食物、異國風情之美食等。幼兒透過參與多元的飲食活動，培養樂於與他人相處之情懷，建立和諧的友伴關係。

五、情緒領域

學習運用動作、表情、語言表達自己的情緒，練習運用改變想法的策略調節自己的負向情緒，而如何適宜地表達自己的情緒，學會稱讚或鼓勵他人表現良好的地方或懂得與人分享等，是情緒領域的活動目標。在營養教育中，

幼兒學習如何覺察到生理與心理的刺激，且有情緒出現時，能辨識當時是什麼情緒狀態和種類。例如飢餓、飽足、口渴等刺激時，如何適切地處理及表達情緒？心情不好時是否該以食物調整情緒？

六、美感領域

在美感領域範疇，教保人員可以引導幼兒透過感官探索食物的美、體察豐富愉悅的飲食美感經驗，並覺察不同食物間的差異，享受飲食創作的樂趣；亦可讓幼兒嘗試平面圖像、立體創作、肢體動作、口語等各種形式的藝術媒介來發揮想像力，表達自己對食物的感受與偏好，並進行個人獨特的表現與創作。最終目的，幼兒透過體驗生活中飲食的美，產生與所成長的社區環境相連結的情感，建立未來對自然關懷、社會意識與文化認同的基礎。

教保人員透過統整教學發展多元課程，養成幼兒各個發展領域的能力，透過不同主題課程的串聯，引導幼兒思考、沉澱學習經驗，學習統整知識之後的概念，如此幼兒才能學得完整的食物與營養的健康概念。

第四節　幼兒營養與食物教學注意事項

教保人員在推行營養與食物教學活動時，並不是只對幼兒做營養知識的灌輸，最重要的是要讓幼兒樂於學習，並將學得的經驗運用在生活中，因此在設定營養與食物的教學活動主題時，必須注意下列幾項原則：

一、設定適合幼兒發展程度的營養與食物教學內容

以幼兒的生活經驗和學習的舊經驗為基礎，延伸幼兒所需學得的知識，強調幼兒從做中學的經驗，加深幼兒學習印象。

二、教學食材是當令、平價、容易取得的

當令的食材是最容易取得的教學資源，教保人員宜多運用，且能讓教學

的資源豐富，經費的規劃也會因為選用當令的食材而降低成本費用。

三、製作或教學的食物需考量營養價值

避免製作或教過甜、過油、過鹹的食物，選擇幼兒容易動手做、有益於健康，且營養價值高的食物。

四、製作完成的食物是可以食用的

讓幼兒動手做的食物，要考量到製作完成的食物是可以食用的，避免浪費及給予幼兒錯誤的訊息，認為食物是可以隨意丟棄的。

五、教學時需給予幼兒實地參與的機會，把每一個經驗留給幼兒

實際動手做的課程需花費較多的教學時間，以提供幼兒學習機會。因此，教保人員需考量教室中可運用的人力及幼兒的人數，避免幼兒長時間等待或是只有幾位幼兒有動手做，其餘皆只能看而無法嘗試，教保人員務必考量到人人都能參與的學習機會。

六、提供情境吸引幼兒的學習興趣

除了教保人員辛苦設計的教學課程內容，還可提供豐富情境以吸引幼兒的學習興趣，延伸幼兒學習的深度和廣度，因此教室的情境布置非常重要（圖6-1、表6-2）。

圖 6-1　豐富情境吸引幼兒的學習興趣

表6-2　幼兒餐點與營養課程角落布置資源表

角落	情境布置
展示區	◎各式各樣的食譜。 ◎餐廳的菜單、大賣場的廣告宣傳單。 ◎各式各樣的鍋子、鏟子、碗、盤等。 ◎廚師服、廚師帽。 ◎各式各樣的蔬菜、水果等實物、圖片或模型。
語文角	◎角落資源一： 　各式各樣的食譜、空白的小書、大賣場的廣告宣傳單。 ◎角落資源二： 　蔬菜圖卡、蔬菜字卡。 ◎角落資源三： 　各式各樣有關廚師、食譜的書籍。
科學角	◎角落資源一： 　吐司、觀察箱、放大鏡、紀錄表。 ◎角落資源二： 　各式各樣食物、磅秤、塑膠刀、盤子等。 ◎角落資源三： 　電磁爐、鍋子、抹布、水、生的食物、湯匙、筷子、盤子等。
美勞角	◎角落資源一： 　黏土、黏土工具（塑膠切刀、模型、滾輪等）。 ◎角落資源二： 　大賣場、蛋糕店、麵包店等的廣告紙、剪刀、膠水、圖畫紙。 ◎角落資源三： 　餐巾紙捲筒、各式回收紙、各式盒子、報紙、膠布。
扮演角	◎角落資源一： 　廚師帽、廚師圍裙、廚師服、鍋子、鏟子。 ◎角落資源二： 　鬆餅粉、蛋、鬆餅機、鍋子、攪拌器、盤子。 ◎角落資源三： 　水餃皮、絞肉、高麗菜、刀子、鍋子、筷子、電磁爐、湯匙、醬油。 ◎角落資源四： 　玉米罐頭、小黃瓜、紫萵苣、小番茄、葡萄乾、沙拉醬、碗、刀子、湯匙、盤子。

七、教學過程儘量提供實物讓幼兒學習

在教學過程中儘量提供實物讓幼兒學習，如：上課時需使用到蘋果，便請教保人員實際提供蘋果，讓幼兒能體驗實際食材，避免使用圖卡和幼兒進行相關的實作課程。

八、建立清潔衛生方面的知識

教保人員在進行營養與食物的教學過程中，可讓幼兒從食物的清潔開始認識，讓幼兒了解衛生方面的知識，及如何收拾與整理烹調及用餐環境，也能培養幼兒對於廚餘的再利用價值有正確的概念。

九、建立安全方面的概念

如何在安全的環境下進行餐點製作的活動，如刀具、餐具、鍋爐、果汁機、烤箱等的使用，也需要給予幼兒正確的使用方法說明和實地操作經驗。

十、製作過程避免浪費食材

在進行幼兒餐點的製作過程，常會有用剩下的食材，例如：白吐司壓成愛心的造型，剩下的吐司邊，我們需教導幼兒愛惜食材，並再運用，而不是隨手丟棄，用實際的身教帶領幼兒養成不浪費的好習慣。

十一、避免使用牙籤及生硬的豆子裝飾

在裝飾幼兒餐點時，避免使用牙籤固定食物及生硬的豆子（例如：大豆、花豆、紅豆等）裝飾，以免造成幼兒被異物哽塞或刺傷。

第五節　幼兒營養與食物課程和活動範例

　　如何讓自己擔任的「教保人員」和「課程設計者」的角色合而為一，進行課程設計和教學活動，讓幼兒從生活經驗出發學習，教保人員需抱持著和幼兒一樣的好奇心，陪伴幼兒從無到有發展出一個完整課程，這種情境的課程，會讓幼兒產生濃厚的學習興趣，也最能符合幼兒的需要。

　　因此，在教學活動中，課程設計並不僅僅只是一堂課或一個活動設計，還包含了許多其他需要考量的要素。例如，在進行活動時，教保人員需要衡量如何和幼兒互動？所需要的相關資源有哪些？課程中有什麼延伸活動可以和幼兒一同來進行？因此，課程計畫的重點不僅在於將活動的進行步驟一步一步地詳細寫出來，也需要搭配情境布置、環境布置和使用教具的選擇，以滿足幼兒的個別需求（陳淑美，2009）。

　　然而，教保人員事先計畫好的課程，有時無法滿足幼兒在課程進行時的興趣，雖然如此，對於新手教保人員或經驗缺乏的教保人員而言，課前的規劃更為重要，因為先有課程的準備和計畫，在教學時才能有明確的目標引導課程與活動，讓教學能走向更符合幼兒的學習模式（陳淑美、陳春月，2007）。

　　課程活動設計需要考量幼兒園的實際狀況和幼兒的需求，以發展適合的課程，課程發展從生活取材，以生活中幼兒有興趣的、是幼兒生活上需要的、是在家裡和學校都可以討論的、是幼兒能主動參與且能和好朋友一起互動的、是能讓幼兒的眼睛發出光彩的……。只要是符合幼兒有興趣的主題，教保人員就可以蒐集相關資料開始進行教學活動和課程設計（陳淑美、陳春月，2007），以下幾個營養與食物的教案（表 6-3 至 6-8）及評量表（表 6-9），可提供教保人員在進行相關教學的參考。

表6-3　營養與食物教案設計 1——「偏食的寶寶」

活動名稱：偏食的寶寶	教學對象：4-5 歲幼兒		活動時間：40 分鐘
教學活動流程		教學資源	學習指標
一、引起動機： 　　和幼兒一起欣賞小鬼萬歲 2「愛吃鬼亂挑食」影片（育昇文化出版有限公司）。		影片「小鬼萬歲」	語-中-1-5-2 理解故事的角色與情節
二、主活動： 1. 邀請幼兒分享影片中的內容，並且討論偏食的狀況？身體會有哪些症狀發生？要如何吃才健康？		白板筆、白色壁報紙	語-中-2-2-2 以清晰的口語表達想法
2. 教師介紹六大類食物：「全穀根莖類、豆魚肉蛋類、低脂乳品類、油脂與堅果種子類、蔬菜類、水果類」讓幼兒認識，並且引導幼兒覺察六大類食物的差異與分類的名稱。		六大類食物的圖卡	認-中-2-2-1 依據特徵為自然現象分類並命名
3. 進行「六大類食物」擲擲樂的遊戲，幼兒分成兩組進行比賽。			身-中-2-1-1 在合作遊戲的情境中練習動作的協調與敏捷
三、統整活動： 　　分享今日所進行的活動的內容，將物品放置角落，讓幼兒繼續進行學習。			語-中-2-5-2 運用自創圖像符號標示空間、物件或記錄行動

（續）

活動照片

「認識六大類食物」

「模仿偏食產生便秘的狀況」

「認識食物的消化過程」

「討論如何正確飲食，身體才會健康」

表6-4　營養與食物教案設計2——「怎麼吃最健康」

活動名稱：怎麼吃最健康	教學對象：4-6歲幼兒	活動時間：40分鐘
教學活動流程	教學資源	學習指標
一、引起動機： 　　教保人員展示不同的食物和食材，並擺放至展示桌上。 二、主活動： 1.請幼兒觀察展示桌上的各項材料，討論這些食物和食材是屬於六大類食物「全穀根莖類、豆魚肉蛋類、低脂乳品類、油脂與堅果種子類、蔬菜類、水果類」的哪一類。 2.欣賞「營養食物餐點的簡報」。 3.請幼兒動動腦分享，如果我是廚師，我想要創作那一種均衡營養的餐點圖的作品內容。 4.畫下自己設計的菜單。 三、統整活動： 1.收拾和分享活動，請幼兒介紹自己完成的作品。 2.將幼兒的作品展示在教室中，讓大家一起分享和欣賞。 四、延伸活動： 　　進行營養餐點設計的票選活動，並讓幼兒動手進行烹調得票數最高的營養餐點。	牛奶、雞蛋、雞肉、小魚乾、蘋果、芭樂、空心菜、豆子、豆腐、米飯、麵、油等 營養食物餐點的簡報 圖畫紙、彩色筆	認-大-1-1-3 辨識生活環境中數字符號的意義 認-中-3-1-1 參與討論解決問題的可能方法並實際執行 美-中-2-2-2 運用線條、形狀或色彩，進行創作

（續）

活動照片

「認識六大類食物」　　　　　　「欣賞營養食物餐點的簡報」

「畫出超級營養、有創意的菜單」

營養與食物主題活動「營養的菜單」學習單

姓名：＿＿＿＿＿＿＿　完成日期：＿＿＿＿＿＿＿　家長簽章：＿＿＿＿＿＿＿

　　小朋友，請你動動手、動動腦，如果你是一位廚師，你想創作哪一種均衡營養的菜單呢？請你把它畫下來和大家一起分享！

表6-5　營養與食物教案設計 3──「我是小廚師」

活動名稱：我是小廚師	教學對象：4-6歲幼兒		活動時間：50分鐘
教學活動流程		教學資源	學習指標
一、引起動機： 　　討論如何將得票數最高的營養餐點，動手進行烹調。 二、主活動： 1. 幼兒提議至廚房參觀廚師製作餐點的過程。 2. 回到班上，請幼兒說說食物烹煮過程之準備工作，並進行分組和分工及清潔衛生準備工作。 3. 用正確的洗手五步驟洗手。 4. 教保人員介紹事先準備好的材料，幼兒並開始動手烹調。 5. 介紹完成的餐點。 三、統整活動： 　　大家一起分享好吃營養的餐點，用餐後進行刷牙漱口。 學習單： 「餐點製作流程學習單」		木瓜、牛奶、雞蛋、小魚乾、小番茄、高麗菜、雞塊、美乃滋、麵包、油、瓦斯爐具、鍋子等 彩色筆	社-中-1-2-1 覺察自己和他人有不同的想法、感受、需求 認-大-3-1-1 與同伴討論解決問題的方法，並與他人合作實際執行 社-中-3-2-1 主動關懷並樂於與他人分享 情-中-2-1-2 以符合社會文化的方式來表達自己的情緒

（續）

活動照片

「準備材料」

「進行烹調」

「觀察生食和熟食之不同」

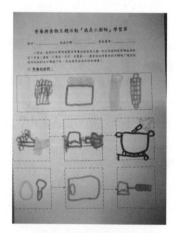

「餐點製作流程學習單」

表6-6　營養與食物教案設計 4──「健康小專家」

活動名稱：健康小專家	教學對象：4-6 歲幼兒	教學時間：40 分鐘
教學活動流程	教學資源	學習指標
一、引起動機： 　　和幼兒觀察之前留下來的未食用完的吐司外觀。 二、主活動： 1. 讓幼兒討論吐司發生了什麼事？ 2. 這樣的吐司可以吃嗎？ 3. 討論購買食物應該注意的事項，例如：注意包裝以及保存日期；要買「CAS」優良農產品標章的食物；食物上有白白黑黑的黴菌，不可以食用；多吃新鮮的食物，零食、醃漬物少吃；爛掉的水果不要吃，可做堆肥等。 三、統整活動： 　　分組進行聽教保人員指令，敲打出正確的標章，加深孩子對標章的印象。	發霉的吐司、優良食品標章	語-中-2-3-1 敘說時表達對某項經驗的觀點或感受 認-大-2-2-3 與他人討論自然現象的變化與生活的關係 社-大-3-1-1 建立自己負責的態度與行為

活動照片

「猜猜裡面放了什麼」

「吐司怎麼有黑白點」

「找出正確的食品標章」

表6-7　營養與食物教案設計 5——「蔬果創意秀」

活動名稱：蔬果創意秀	教學對象：4-6歲幼兒		教學時間：50分鐘
教學活動流程		教學資源	學習指標
一、引起動機： 　　教保人員使用投影機讓孩子欣賞「蔬果劇場開演了」之簡報。 二、主活動： 1.介紹各種蔬果讓孩子認識其名稱和營養價值。 2.與幼兒討論如何以這些蔬果進行創作？ 3.分組進行討論及蔬果創意組合。 三、統整活動： 　　邀請幼兒上台介紹自己的創作及使用的蔬果材料，加深幼兒對於蔬果營養價值及名稱的認識。 四、延伸活動： 蔬果歌曲改編，並進行肢體創作及樂器合奏。 改編曲子一： 蘋果、香蕉、番茄、鳳梨。 真好吃，真好吃。 一天沒有吃它，我會覺得不舒服 真奇怪，真奇怪。 改編曲子二： 我最愛吃，蘿蔔、青菜、 小魚乾、白米飯。 營養好吃，美味可口。 一級棒，一級棒。 （改編曲子為兒歌：二隻老虎）		投影機、電腦、各式蔬果、牙籤 響板、手搖鈴、沙鈴等	美-大-2-2-1 了解各種視覺藝術素材與工具的特性，進行創作 情-中-2-2-1 適時地使用語言或非語言的形式表達生活環境中他人或擬人化物件的情緒 美-中-2-2-3 以哼唱、打擊樂器或身體動作反應聽到的旋律或節奏

（續）

活動照片

「挑選創作材料」

「分組討論進行創作」

「幼兒蔬果創作作品」

表6-8　營養與食物教案設計6——「肚子裡的小秘密」

活動名稱：肚子裡的小秘密	教學對象：4-6歲幼兒	教學時間：50分鐘
教學活動流程	教學資源	學習指標
一、引起動機： 　　戲劇扮演「愛吃垃圾食物的皓皓」。 二、主活動： 1.討論什麼是「低營養、高熱量的食物」。 2.吃了垃圾食物會怎樣？ 3.畫出想像中身體生病了，肚子裡會產生什麼變化。 4.討論如何不讓自己生病和變胖的好方法。 5.邀請幼兒上台介紹自己的創作，並約定做一個不愛吃垃圾食物的健康寶寶。 三、統整活動： 　　一起唱跳健康操。 四、延伸活動 1.美勞角： 　(1)進行故事扮演教具創作：肚子裡的病毒、披風……等。 　(2)畫出想像中生病時，身體不舒服的樣子之學習單。 　(3)病毒面具創作。 2.語文角： 　(1)聆聽「不愛洗手的單單」之故事。 　(2)認識「低營養、高熱量的食物」的文字，並進行文字和圖片的配對。 3.娃娃角： 　(1)進行「愛吃垃圾食物的皓皓」戲劇扮演活動。	各式扮演道具、自編故事一則、學習單、彩色筆、垃圾袋、紙盤等	情-中-3-2-2 探究各類文本中主要角色情緒產生的原因 美-中-2-1-1 探索各種藝術媒介，發揮想像並享受自我表現的樂趣

（續）

活動照片

「認識低營養、高熱量的食物」

「戲劇扮演活動」

「打擊身體裡的病毒」

表6-9　營養與食物的幼兒學習評量表

班級：　　　　　　　　　姓名：

領域	評量項目	評量結果
一、身體動作	1. 會運用肢體表演出立體蔬果創作的樣子。	
	2. 會運用肢體動作創作「營養與食物」的兒歌動作。	
	3. 會模仿食物烹調時的變化之動作。	
	4. 會模仿廚師工作的樣子。	
	5. 會依照指令進行找出正確的優良食品標章的遊戲。	
	6. 能用正確的方法洗手及刷牙。	
	7. 能正確使用餐具（筷子、湯匙、叉子等）。	
二、認知	1. 能依序排列出正確的六大類食物圖卡。	
	2. 能說出正確的用餐時間。	
	3. 能數出餐點投票的票數。	
	4. 能指出物品製造及保存期限的日期。	
	5. 能說出製作餐點的流程。	
三、語文	1. 能改編蔬果歌曲。	
	2. 能說出六大類食物的種類（全穀根莖類、豆魚肉蛋類、低脂乳品類、油脂與堅果種子類、蔬菜類、水果類）。	
	3. 能說出如何成為一位健康寶寶的方法（如：不偏食、定時用餐等）。	
	4. 能說出二種深綠色的蔬果。	
	5. 能說出兩種優良食品標章（如：牛乳標章、CAS 等）。	
	6. 能說出三種製作餐點的用具（如：鏟子、鍋子等）。	

（續）

領域	評量項目	評量結果
四、社會	1. 能觀察並分辨新鮮食物與不新鮮食物的差別性。	
	2. 能分辨熟食和生食的不同。	
	3. 能觀察並說出發霉吐司的變化。	
	4. 能用正確的洗手五步驟洗手。	
	5. 觀察並分辨營養食物與不營養食物的差別性。	
	6. 能和他人合作一起進行營養食物的烹調活動。	
五、情緒	1. 能上台分享自己所創作的作品。	
	2. 能和他人分享創作材料（如：紙盒、瓶子……等）。	
	3. 會稱讚或鼓勵他人表現良好的地方。	
	5. 能與他人分享自己動手製作的好喝果汁。	
	6. 能說出多吃青菜、水果的好處。	
	7. 能說出偏食的壞處。	
	8. 能愛惜食物不浪費。	
六、美感	1. 能利用蔬果素材進行立體創作。	
	2. 能觀察食物的製作，並畫出流程圖。	
	3. 能運用蠟筆、彩色筆畫出自己設計的菜單。	
	4. 能用色紙和剪刀，剪貼出菜單設計的邊框。	
	5. 能將食材正確放入鍋子中。	
	6. 能唱出蔬果改編之歌曲。	
	7. 會正確使用樂器（手搖鈴、響板、沙鈴……等）。	
	8. 會唱跳「健康操」之律動。	

註：表現很棒☆　　能做到，但有時需提醒○　　需要再加油▲

第六節 幼兒餐點自備課程

幼兒教育著重於良好習慣的養成以及獨立能力的培養，學前幼兒特別強調日常生活教育，包括照顧自己、照顧環境、生活禮儀以及一般物品的使用方法（以抓、握、夾、舀等小肌肉的基本能力和手眼協調來訓練幼兒的內心秩序）。當幼兒具備這樣的能力之後，成人應該提供更多的機會讓孩子練習，以使其更精確與熟練。而幼兒自備餐點符合了這樣的條件，它讓幼兒凡事自己動手做，提升幼兒的生活自理能力。幼兒在餐點自備的過程中，可以達到九年一貫課程「課程綱要」當中之「表達、溝通與分享」、「尊重、關懷與團體合作」及「主動探索與研究」的基本能力。餐點自備過程中，同儕之間的互動不僅能引起幼兒相互的討論，也能學習社會協商的歷程，並且引起學生主動參與，接受別人的意見，進而學習社會技巧、適應團體互動。

一、幼兒自備餐點的好處

（一）工作對幼兒的好處

杜威認為知識是人們用來解決生活問題的工具，此概念又被稱為「工具主義」，強調「做中學」（learning by doing），配合兒童實際經驗，選擇適當教材，以實際行動來學習解決問題（Fishman & McCarthy, 1998）。

透過自備餐點的過程，在變化多元的菜單中，讓孩子親自動手做不但可以維持兒童的學習興趣，並達到良好的學習效果。

（二）日常生活學習對幼兒的好處

日常生活的影響分為兩類：

1. 社交動作：主要包括不增添別人的困擾，和能站在他人的立場思考等行為，如致謝、道歉、用餐的禮儀、分享、應對的方式等行為。
2. 照顧自己：幼兒自己準備餐點，整理桌子，學習整理房間，可讓其在接觸知能教學前先培養獨立自主的人格，如此才能進入高層次的課程。

因此，透過教師的指導，可反覆的練習和從活動中不斷調整自己心智的發展，以養成獨立、自主的能力與精神。同時，因為透過不斷的活動，可促進幼兒意志力、理解力、專注力、協調力以及良好工作習慣的發展，以為未來的學習鋪路。

(三) 合作學習對幼兒的好處

進行合作學習時，同儕間不同認知基模的互動不僅能引起幼兒認知上的衝突，藉由觀摩學習或社會協商的歷程，亦可激發個人主動學習並接受別人的意見，達到自我調整的學習效果，因此提供幼兒一種合作的學習環境，增加幼兒學習的深度及廣度。當幼兒處於合作學習的環境下，提出彼此的想法，並互相幫助分享成果時，不僅培養了幼兒與人合作、與人溝通的社會技能，還能增進彼此的友誼，增加對團體的認同感（Ladd, 1981; Spodek & Saracho, 1994; Osborn & Osborn, 1989）。

第七節　幼兒餐點自備課程範例

 幼兒餐點自備課程範例一：米苔目甜湯

目的	*認識不同種類的米製品 *學習如何煮米苔目 *體驗自己動手做的樂趣 *訓練小肌肉及精細動作的發展
材料（10 人份）	

米苔目 120g
地瓜（大）2 顆
紅糖 30g

（續）

備餐流程	
 1.地瓜洗淨、削皮。	 2.將去皮的地瓜切成塊狀（約5公分大即可）。
 3.先取一鍋熱水煮米苔目。	 4.將煮熟的米苔目撈起來放在冰水中浸泡。
 5.將切好的地瓜放下去煮軟加糖，最後再將米苔目放進去即可。	

幼兒餐點自備課程範例二：紅糖小米粥

目的	*學習煮「粥」的方法 *認識原住民的食物——「小米」 *體驗自己動手做的樂趣 *培養幫忙收拾的好習慣 *訓練小肌肉與精細動作

材料（10人份）	
	白米 120g 小米 200g 紅糖 60g 水 2,000c.c.

備餐流程	

1.用磅秤量出所需的白米及小米的量。	2.將米和在一起洗淨。

（續）

3. 量出所需的水（1,800c.c.）倒入鍋中備用。	4. 用磅秤量出紅糖的量。

5. 用 200c.c.的熱水將紅糖攪拌溶解，再倒入飯鍋內拌一下，放入電鍋煮即可。	6. 完成品。

 幼兒餐點自備課程範例三：河粉壽司

目的	＊學習「包」壽司的方法 ＊認識不同種類的壽司 ＊體驗自己動手做的樂趣 ＊訓練小肌肉與精細動作 ＊培養幫忙收拾的好習慣

（續）

材料（10人份）	
	河粉皮（小包）3包、海苔片2包、首蓿芽1包、蘋果4顆、花生粉 【事前準備工作】 1. 河粉皮先用電鍋蒸過。 2. 蘋果削皮之後，切片備用。 3. 海苔片剪成兩半備用。 4. 首蓿芽先用冷水沖洗、瀝乾備用。

備餐流程	

1. 先夾一片河粉，打開後再放上一片海苔。	2. 依序放入首蓿芽、蘋果片，再撒上花生粉。

3. 將壽司包起來，先蓋住食材，再捲起來。	4. 完成品。

幼兒餐點自備課程範例四：水果飯糰

目的	*學習製作「飯糰」的步驟 *認識米製品的種類 *體驗自己動手做的樂趣 *訓練小肌肉與精細動作 *培養幫忙收拾的好習慣

材料（10 人份）	
	蘋果3顆、奇異果4顆、葡萄乾、白米7杯、松島香鬆、壽司醋、砂糖 【事前準備工作】 1. 白米洗淨、煮熟後，加入松島香鬆、壽司醋、砂糖拌成壽司飯備用。 2. 奇異果先去皮備用。

備餐流程	

1. 蘋果洗淨後去皮，泡鹽水。	2. 老師將削好皮的蘋果對切去核，再請幼兒切丁（約0.5公分）。

（續）

3. 奇異果切丁。	4. 飯先用造型器塑形，再用水果裝飾。

5. 完成品。	

 幼兒餐點自備課程範例五：三色蒸蛋

目的	＊學習「蒸蛋」的製作方法 ＊認識不同種類的「蒸蛋」料理 ＊體驗自己動手做的樂趣 ＊培養幫忙收拾的好習慣 ＊訓練小肌肉與精細動作
材料（10人份）	
	雞蛋 14 顆 鹹蛋 3 顆 皮蛋 3 顆 香菇 3 朵

（續）

備餐流程	

1. 香菇洗淨，切成丁（0.5公分）備用。	2. 鹹蛋、皮蛋剝殼。

3. 去殼之後的鹹蛋、皮蛋切成丁備用。	4. 雞蛋全部打散到鍋中，拌勻備用。

5. 蛋液過篩濾掉雜質，蛋和水的比例 1：15 調勻。	6. 加入切成丁的香菇、鹹蛋、皮蛋，再加入鹽調味即可放入電鍋蒸熟。

7. 完成品。	8. 倒出後，切塊。

幼兒餐點自備課程範例六：紫菜豆腐湯

目的	*學習煮「湯」的技巧 *體驗自己動手做的樂趣 *訓練小肌肉與精細動作 *培養幫忙收拾的好習慣
材料（10人份）	
	海苔半包 豆腐2塊 蔥2～3根 蛋3顆
備餐流程	

1.豆腐用水沖洗一下，再切成塊。	2.老師先將蔥去頭、挑好，請孩子清洗切碎。

（續）

3. 蛋打散後攪拌均勻。	4. 海苔片撕成一小片（約10公分左右）。

5. 取十杯水煮沸之後，依序加入豆腐、海苔、蛋及蔥花即可。	6. 完成品。

 幼兒餐點自備課程範例七：生菜沙拉

目的	＊學習如何處理「生菜沙拉」的食材 ＊體驗自己動手做的樂趣 ＊訓練小肌肉與精細動作 ＊培養幫忙收拾的好習慣

（續）

材料（10 人份）	
	胡蘿蔔 3 根 小黃瓜 6 根 玉米粒 1 罐 鮪魚罐頭 1 罐 雞蛋 6 顆 沙拉 1 條 葡萄乾
備餐流程	

1. 小黃瓜洗淨後切塊（約 1 公分寬）。	2. 胡蘿蔔洗淨、削皮。

3. 老師將削皮的胡蘿蔔切塊，再請孩子切成長條。	4. 取水煮水煮蛋，蛋熟之後撈起來放在冰水裡冷卻。

（續）

	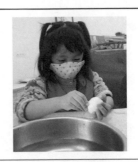
5. 再取水分批燙小黃瓜及胡蘿蔔（記得在水裡加鹽）。	6. 將冷卻後的水煮蛋去殼。

7. 去殼的蛋切成小塊。	8. 將玉米粒及鮪魚罐頭打開，將所有食材分碗裝好。

9. 食用時，依序夾、舀入碗中，再擠上沙拉即可。	

幼兒餐點自備課程範例八：營養吐司

目的	＊體驗自己動手做的樂趣 ＊培養幫忙收拾的好習慣

材料（10人份）	
	吐司 2.5 條 玉米粒 1 罐 鮪魚罐頭 1 罐 沙拉 1 條 【事前準備工作】 1. 將玉米粒及鮪魚罐頭打開，瀝乾水（油），再倒入鍋中攪拌一下，最後加入沙拉拌勻、備用。

備餐流程	

1. 先夾一片吐司放在托盤上。	2. 舀 1～2 匙鮪魚沙拉醬鋪在吐司上（一半就好）。

3. 再將吐司對摺一半即可食用。	4. 完成品。

幼兒餐點自備課程範例九：小蛋糕

目的	*認識「蛋糕」的製作方法 *體驗自己動手做的樂趣 *培養幫忙收拾的好習慣 *訓練小肌肉與精細動作

材料（10 人份）

鬆餅粉 1,000g
雞蛋 10 顆
奶油 200g
牛乳 600c.c.
【事前準備工作】
奶油先放進微波爐加熱、融化備用。

備餐流程

1. 鬆餅粉先過篩、備用。

2. 雞蛋全部打散入鍋攪拌。

3. 再加入奶油及牛乳拌勻。

4. 將過篩過的鬆餅粉分次放入攪拌成麵糊。

（續）

5. 取出蛋糕模型放上紙模後，倒入麵糊。	6. 烤箱 180～200°C，烘烤約 30 分鐘即可。

 幼兒餐點自備課程範例十：西班牙蛋餅

目的	＊學習製作「西班牙蛋餅」 ＊認識各國（西班牙）的美食 ＊體驗自己動手做的樂趣 ＊培養幫忙收拾的好習慣 ＊訓練小肌肉與精細動作
材料（10 人份）	
	馬鈴薯 3 個 胡蘿蔔 1.5 個 玉米粒 1 罐 蛋 15 顆

（續）

備餐流程	

1.胡蘿蔔、馬鈴薯洗淨削皮。	2.將去皮後的胡蘿蔔、馬鈴薯汆燙，刨絲備用。

3.將蛋打散，拌勻備用。	4.平底鍋加熱、放油，倒入蛋液。

5.再將胡蘿蔔、馬鈴薯及玉米粒放入蛋中，等蛋凝固夾半邊蛋蓋住蔬菜，再翻面煎即可。	6.完成品。

第八節　結論

　　幼兒園的營養教學，對幼兒的影響不僅只是認識營養的重要，更提供幼兒多元發展的機會。在食物課程中可學習到下列的好處：

1. 建立幼兒發展基礎概念：如大小、形狀、數字、顏色、測量、重量、嗅覺、味覺、聲音、觸覺、組織、口味、食物的保存和溫度的變化，此外，食物課程也增加語言符號的認識。

2. 學習廚房器具之使用：包括刀、叉、打蛋器、削刀、烤箱、烤吐司機等之使用。

3. 傳承民族的飲食文化：透過食物課程，成人將民族飲食文化之食物、餐飲禮儀與如何吃得好傳承給下一代，若缺乏此經驗分享，則飲食文化將無法傳承（Anderson, 1997）。

4. 建立良好的營養飲食概念：食物課程經驗包含多種活動：準備食物、擺設餐桌、享用點心與正餐，以及清潔收拾，這些活動能為幼兒提供獨立自主的學習經驗，也能建立責任感與成就感，並教導幼兒營養概念，幫助孩子發展良好的終生健康飲食習慣（Herr, 1998）。

5. 提升幼兒的自尊心：幼兒因為能夠進行「成人」活動而感到驕傲（Herr, 1998）。

　　幼兒營養教育影響幼兒未來一生的飲食習慣與健康狀況，教保人員在進行營養教學時，可運用各種教材與教學方式，將正確的營養概念傳輸給幼兒，讓幼兒在生命早期即養成正確的飲食習慣。

第七章

保母人員單一級技術士
調製區技能檢定

黃品欣　編著

　　本章內容僅為考照內容範例，由於每年考題及應答標準略有更動，讀者應留意每次考試的步驟及答題標準。

第一節　調製區技能檢定注意事項

一、應檢人入場後，應依監評人員指示抽選該區試題乙道，並請詳閱題目後，於抽題紀錄表上簽名確認。

二、應檢人進場後，有五分鐘抽題、確認題目、熟悉各項設備及材料之時間。

三、應檢人應俟監評人員宣布「開始」後，才能開始檢定作業。

四、檢定崗位中所陳設之各項材料與設備，請應檢人逕依各該試題所需酌情採取使用。

五、應檢人於檢定過程中，除評審表所列應口頭說明者外，其他倘需輔以口頭補述者，應請逕依各該試題所需衡酌考量。

六、評審表除特別說明項目外，應檢人應按評值項目順序操作，否則該項評值標準不給分。

七、應檢人故意破壞現場器具及材料者應負賠償責任。

八、本試題檢定應在規定時間內完成，倘未及完成者，應在監評人員宣布「時間到了」時，立即停止操作。

九、應檢人離場時，不得攜帶場內任何東西出場。本檢定場除應檢人本人外，其他人概不得進場。

十、應檢人有下列情事之一者，予以扣考，並不得繼續應檢；其已檢定之成績無效，且以不及格論：

(一) 缺考。

(二) 冒名頂替者。

(三) 協助他人或託他人代為實作者。

(四) 攜帶未規定之器材、配件、成品或在自備工具中加註任何文字或記號等情形者。

(五) 故意損壞機具、設備者。

(六) 不接受監評人員指導，擾亂試場內外秩序者。

(七) 應檢過程中娃娃掉落地上。

(八) 其他：依各試題的需要增列。

十一、本試題倘檢定過程適值不可抗拒情事必須中止檢定者，該區之檢定當另行擇期辦理。

十二、應檢人除應遵守本須知所載明之事項外，並應配合檢定場地臨時規定之有關事項。

第二節　調製區技能檢定術科應檢場地及材料說明

一、場地平面圖

二、機具設備表

每一工作崗位份量

項目	名稱	規格	單位	數量	備註
1	水槽（含水龍頭）	一般家庭調理用	套	1	水槽大小須可清洗食品及食具
2	調理桌	桌面之大小需為 60 公分×180 公分以上	個	1	
3	冷水壺	塑膠製，容積 1.5～2 公升	個	1	有冷熱水開飲機亦可，若有溫水出水口需標示不得使用
4	電熱水瓶	一般家庭用	個	1	熱水溫度須達 95℃ 以上
5	切菜板	中型，白色塑膠製	個	1	
6	菜刀	中型，不鏽鋼製	把	1	置於刀架或中盤中
7	水果刀	中型，不鏽鋼製	把	1	
8	食品盒	中型附蓋（大小能容納一份副食品）	個	3	盛放胡蘿蔔、白煮蛋及蘋果等食材用
9	湯匙	中型，不鏽鋼製（容量為一湯匙，約 15 公克）	支	1	調理用
10	小碗	塑膠製寶寶用碗	個	3	裝副食品用（碗底內側必需為圓弧狀 ⌣ ）
11	奶瓶	玻璃製（240c.c.）	個	2	奶瓶、瓶蓋、奶嘴及奶嘴固定圈套好放在桌上
12	奶瓶刷	塑膠製，一大一小	組	1	大刷洗奶瓶，小刷洗奶嘴；吊掛於水槽前方
13	奶瓶夾	不鏽鋼製或 PP 材質	支	1	放在長形盤上
14	中盤	塑膠製	個	3	一裝奶嘴、奶嘴固定圈和奶瓶蓋，一裝果皮，另一裝菜刀、水果刀和削皮刀
15	長形盤	塑膠製	個	1	註明已消毒，裝已消毒的奶瓶夾
16	奶瓶消毒鍋	不鏽鋼製	個	1	口徑以可以橫放奶瓶為原則

（續）

項目	名稱	規格	單位	數量	備註
17	嬰兒副食品調理器	整組	組	1	內含研磨器、濾網、研磨缽、餵嬰兒副食品用小湯匙 1 支
18	抹布	一般家庭用	條	1	擦拭調理檯用，吊掛於水槽旁
19	洋娃娃	一般	個	2	(1)60 公分高，餵奶用放於小床上 (2)80～100 公分高，餵副食品用，放於嬰兒用高腳椅上
20	餵食圍兜	一般家庭用	個	1	餵食寶寶用
21	有蓋垃圾筒	塑膠腳踏式	個	1	內鋪塑膠袋
22	椅子	一般，有靠背、扶手（可自然支撐手臂）	張	1	應檢人餵食用
23	桌子	一般	張	1	上鋪桌巾，放置小床邊，大小至少能放圍兜、紗布巾、面紙等物品
24	桌巾	一般	條	1	鋪在桌子上
25	嬰兒床	一般家庭用或新生嬰兒床	張	1	大小能裝得下洋娃娃即可
26	削皮刀	一般家用	支	1	不可有刨絲功能
27	嬰兒用高腳椅	一般家庭用	張	1	放 80～100 公分娃娃用
28	瀝水籃	一般家庭用，2 件式（有外盆內附網籃）	組	1	
29	廚餘桶	一般家庭用（附蓋）	個	2	(1)裝奶水用 (2)裝副食品用
30	壓舌板	木製	支	1	刮平奶粉用，附於奶粉罐外側
31	紗布巾	一般家庭用	條	1	大小至少約 A4 紙
32	量匙	一般家庭用	組	1	
33	砧板及刀具架組	一般家庭用	座	1	放置砧板及刀具用

※調理區域須與設備材料區域分開。

三、自備工具表

每一工作崗位份量

項目	名稱	規格	單位	數量	備註
1	圍裙	連上身	件	1	連上身
◎2	菜刀	中型	把	1	◎本項屬自由攜帶工具，應請包覆攜入試場，以維安全
◎3	水果刀	中型	把	1	◎本項屬自由攜帶工具，應請包覆攜入試場，以維安全
◎4	削皮刀	一般家庭用	支	1	◎本項屬自由攜帶工具

四、材料表

每一工作崗位份量

項目	名稱	規格	單位	數量	備註
1	嬰兒奶粉1	一般家庭用	罐	2	內附大量匙，一罐為已過期，另一罐為在使用期限內（可用即溶奶粉補充）
2	嬰兒奶粉2	一般家庭用	罐	2	內附小量匙，一罐為已過期，另一罐為在使用期限內（可用即溶奶粉補充）
3	白煮蛋	已煮熟	個	1	連殼，並注意新鮮度
4	熟的胡蘿蔔	約10公分長條型	塊	1	連皮，每塊重量約100公克，並注意新鮮度
5	蘋果	中等大小	個	1/2	連皮，每個重量約200～250公克，並注意新鮮度
6	擦手紙	抽取式	包	1	
7	洗手乳	一般家庭用	罐	1	
8	面紙	一般家庭用	包	1	
9	瓦斯爐標籤	20公分×10公分	張	1	貼在調理檯以方便應檢人消毒奶瓶時放鍋子用
10	以紙做的小圓桶	大小能放得下壓舌板	個	1	黏附在奶粉罐邊

※食材以每人發給一份為限。

第三節 調製區技能檢定術科檢定試題及解析

一、檢定試題

(一) 試題編號：15400-980403

　　檢定時間：20 分鐘

　　檢定內容：

　　1. 為二個月大嬰兒沖泡 120c.c.牛奶，並餵食。

　　2. 為八個月大的嬰兒製作副食品（蛋黃泥、蘋果汁），並餵食（蘋果汁、蛋黃泥）。

(二) 試題編號：15400-980404

　　檢定時間：20 分鐘

　　檢定內容：

　　1. 為二個月大嬰兒沖泡 120c.c.牛奶，並餵食。

　　2. 為十二個月大的嬰兒製作副食品（胡蘿蔔丁、蘋果丁），並餵食（蘋果丁、胡蘿蔔丁）。

　　※應檢人進場前，須完成下列準備事項，否則不得進場；如因此而延遲，所延遲之時間不予展延：

　　1. 穿好乾淨的圍裙。

　　2. 指甲需修短且不可擦指甲油，頭髮需紮好或夾好。

　　3. 脫除手錶、戒指、手鍊、耳環和身上裝飾品（若無法脫除則以膠帶固定）。

　　4. 手部如有傷口，應戴上手術用塑膠手套。

二、評審表

評審表(一)

應檢人姓名		准考證號碼		評審結果	□及格　□不及格	
檢定日期	年　月　日	術科測試編號		入出場時間	時 分入	時 分出
試題編號	15400-980403（調製區）			監評人員 簽　　名	（請勿於測試結束前先行簽名）	

評審項目

有下列試場違規事項之一者，評審結果為不及格。（於該項□內打√）

1. 第一子題測試過程，有下列情形之一者：
   □(1)操作未達評值項目 10
   □(2)嬰兒掉落在地上
   □(3)將兩個月大嬰兒單獨放置椅子或檯面上
   □(4)以自來水或未加冷開水僅以熱開水沖泡牛奶
   □(5)取過期的奶粉沖泡牛奶

2. 第二子題測試過程，有下列情形之一者：
   □(1)操作未達評值項目 11。
   □(2)副食品成品與題意不符（如成品僅完成一種、製成丁或磨成泥……等）。
   □(3)以副食品餵食二個月大的嬰兒。

3. 未依規定執行一個子題之所有評值項目後，即跳做下一個子題。

評值項目	評值標準	分數	是否給分 是	是否給分 否	說明
一、為二個月大嬰兒沖泡 120c.c.牛奶，並餵食					
1. 準備工作	(1)用洗手乳搓洗雙手、沖洗乾淨，以擦手紙擦乾。	2			
2. 取 120c.c.開水	(1)於奶瓶內先倒入冷開水，再倒入熱開水，共注入 120c.c.。	2			
	(2)以手腕內側貼近瓶身測試水溫，須調至適合沖泡牛奶的溫度。	2			
3. 加適量奶粉	(1)拿起奶粉罐，看罐上說明，應檢人口述奶粉的保存期限。	2			
	(2)依罐上說明，應檢人口述每匙奶粉加水量。	2			
	(3)取正確匙數的奶粉放入奶瓶內，每匙奶粉須以壓舌板或奶粉罐內附刮板刮平。	2			

4. 沖泡牛乳	(1)將奶嘴、奶嘴固定圈和奶瓶蓋套在奶瓶上拴好。	2			
	(2)雙手握瓶身，以旋轉方式使奶粉溶於水中。	2			
	(3)由瓶底檢視奶粉確實沖泡均勻。	2			
5. 營造愉快的餵奶氣氛	(1)將奶瓶、紗布巾放在餵食座椅之近身處。 (2)用話語安撫嬰兒的情緒。 (3)幫嬰兒圍上圍兜並固定。	2			
6. 餵奶安全	(1)支撐嬰兒頭、頸及臀部，由嬰兒床上安全抱起嬰兒。 (2)以搖籃式手法抱著嬰兒，坐在餵食座椅上。	2			
7. 餵奶	(1)以手托住瓶身，口述：「奶嘴充滿奶水」後再餵食。	2			
	(2)餵奶過程與嬰兒說話互動。	2			
	(3)餵完奶後，以紗布巾將嬰兒嘴巴擦乾淨。	2			
8. 拍氣	(1)將紗布巾放在自己的肩膀上。 (2)支撐嬰兒頭、頸及臀部，將嬰兒改成直立式抱法，使嬰兒下巴靠在已墊著紗布巾的肩膀上。	2			
	(3)以一手支撐嬰兒臀部，另一手掌呈杯狀（空心狀），由下往上慢慢輕拍嬰兒背部，將胃內空氣排出。	2			
	(4)持續與嬰兒說話互動，應檢人口述：「打嗝了！」 (5)拍氣後，支撐嬰兒頭、頸及臀部，將嬰兒安全抱回床上。 (6)脫下嬰兒圍兜放回原位。	2			
9. 清洗奶瓶、奶嘴	(1)將奶水倒入奶水廚餘桶內。	2			
	(2)用大刷子刷洗奶瓶內、外側和奶瓶螺紋，並用清水沖洗乾淨。	2			

		2			
	(3)用小刷子刷洗奶瓶蓋（內側、外側）、奶嘴（內側、外側、凹痕）和奶嘴固定圈（內側螺紋、外側），用清水沖洗乾淨後，放置盤中。	2			
10.消毒奶瓶	(1)洗淨的玻璃奶瓶放入消毒鍋，加水蓋過奶瓶後，將消毒鍋放置於瓦斯爐上加熱，應檢人口述：「水開後繼續煮沸十分鐘」。	2			
	(2)將奶嘴、奶嘴固定圈、奶瓶蓋一起放入消毒鍋內加熱，應檢人口述：「繼續加熱煮沸五分鐘後熄火，放置冷卻」。	2			
11.套好奶瓶	(1)用消毒過的奶瓶夾，夾出奶瓶瀝乾水分，放置桌上。	2			
	(2)以消毒過的奶瓶夾，先夾出奶嘴固定圈，再夾出奶嘴瀝乾水分，套在奶嘴固定圈上。 (3)奶嘴固定圈套在奶瓶上拴緊，奶瓶蓋套在奶瓶上。	2			
12.整理環境	(1)消毒鍋內的水倒掉。 (2)用物歸位。 (3)以抹布擦拭乾淨所有檯面。	2			
13.衛生安全	(1)奶瓶夾在不使用時，均放置於固定（消毒過）盤子內。	2			
二、為八個月大的嬰兒製作副食品（蛋黃泥、蘋果汁），並餵食（蘋果汁、蛋黃泥）					
1.製作副食品準備工作	(1)用洗手乳搓洗雙手、沖洗乾淨，以擦手紙擦乾。	2			
2.備妥並洗淨用具	(1)用冷開水沖洗製作副食品所需的用具。	2			
3.製備蛋黃泥的衛生安全評估 【違反任一項評值標準，則評值	製作過程中，不得有下列任一動作： (1)以圍裙、抹布擦手，或以手摸圍裙和抹布後，未再洗手。 (2)抓頭髮或摸臉後，未再洗手。 (3)製備蛋黃泥食材或任一用具，未以冷開水沖洗乾淨。	2			

項目 3、4、5、11 均不給分】	(4)以手觸摸調成泥狀的成品。 (5)在垃圾桶上去蛋殼，或在水槽邊緣、水槽內側敲蛋殼。 (6)食材或器具掉落檯面或地面，拾取後未經處理即繼續使用。	2			
4.取出蛋黃	(1)取白煮蛋在乾淨的盤子上敲殼並去殼，再以冷開水沖洗。	2			
	(2)在砧板上用刀子將蛋切開，以湯匙取出 1/4 至 1/2 個蛋黃。	2			
5.製備蛋黃泥	(1)蛋黃放碗中用湯匙壓細碎。	2			
	(2)已壓碎的蛋黃加適量冷開水，調成均勻的泥狀。	2			
	(3)用過的湯匙、砧板和刀具，以冷開水沖洗後備用。	2			
6.製備蘋果汁的衛生安全評估 【違反任一項評值標準，則評值項目 6、7、10 均不給分】	製作過程中，不得有下列任一動作： (1)以圍裙、抹布擦手或以手摸圍裙和抹布後，未再洗手。 (2)抓頭髮或摸臉後，未再洗手。 (3)製備蘋果汁食材或任一用具，未以冷開水沖洗乾淨。	2			
	(4)果汁調製過程以手指攪拌。 (5)在垃圾桶上去蘋果皮或以水沖洗去皮蘋果。 (6)食材或器具掉落檯面或地面，拾取後未經處理即繼續使用。	2			
7.製備蘋果汁	(1)取蘋果，將外皮洗淨，在盤子上去皮、去果核，再以冷開水沖洗。	2			
	(2)用研磨器將蘋果磨成泥狀，以濾網過濾去渣。	2			
	(3)用量匙量取 1 大匙蘋果汁放入小碗內。 (4)加入等量冷開水並調勻。	2			
8.洗手	(1)搬餵食座椅至嬰兒高腳椅前面。 (2)用洗手乳搓洗雙手、沖洗乾淨，以擦手紙擦乾。	2			

9. 準備餵副食品	(1)幫嬰兒圍上圍兜，並與嬰兒說話互動。 (2)將蛋黃泥及蘋果汁置於桌面上，應檢人坐在餵食座椅上。	2			
10. 餵蘋果汁	(1)以小湯匙舀適量蘋果汁，小口小口的餵食。	2			
	(2)說出喝蘋果汁的好處，鼓勵嬰兒進食。	2			
11. 餵蛋黃泥	(1)以小湯匙舀適量蛋黃泥，小口小口的餵食。	2			
	(2)說出吃蛋黃泥的好處，鼓勵嬰兒進食。	2			
12. 清潔及歸位	(1)餵完後，以面紙幫嬰兒擦嘴巴，並持續與嬰兒說話互動。 (2)圍兜取下放回原位。 (3)座椅歸位。	2			
13. 整理環境	(1)食品盒以冷開水沖洗。 (2)剩餘食材（蛋白、蛋黃及蘋果）放入食品盒，果皮倒入廚餘桶內，蛋殼和垃圾倒入垃圾桶內。	2			
	(3)洗淨廚具、餐具，放回原位。 (4)清理水槽和漏水斗。 (5)檯面以抹布擦拭乾淨。	2			
14. 省水動作	(1)製作副食品過程中，均注意水流量的控制。 (2)在不使用水時，關上水龍頭。	2			
合　　計		100	得分：		

備註：

1. 每位應檢人只有一份食材，故在任何情況下均不得要求再給一份食材重做。

2. 在抱寶寶餵食牛奶的過程中，只要不小心讓寶寶碰撞到，該項評值標準不給分。

評審表(二)

應檢人姓名		准考證號碼		評審結果	□及格 □不及格		
檢定日期	年 月 日	術科測試編號		入出場時間	時 分入		時 分出
試題編號	15400-980404（調製區）			監評人員 簽 名	（請勿於測試結束前先行簽名）		

評審項目

有下列試場違規事項之一者，評審結果為不及格。（於該項□內打√）

1. 第一子題測試過程，有下列情形之一者：
　□(1)操作未達評值項目 10
　□(2)嬰兒掉落在地上
　□(3)將兩個月大嬰兒單獨放置椅子或檯
　　　面上
　□(4)以自來水或未加冷開水僅以熱開水
　　　沖泡牛奶
　□(5)取過期的奶粉沖泡牛奶

2. 第二子題測試過程，有下列情形之一者：
　□(1)操作未達評值項目 11
　□(2)製作之副食品（胡蘿蔔丁或蘋果丁）
　　　三分之一量的大小超過 0.5 公分
　□(3)副食品成品與題意不符（如成品僅完
　　　成一種、製成汁或磨成泥……等）。
　□(4)以副食品餵食二個月大的嬰兒。

□3. 未依規定執行一個子題之所有評值項目
　　後，即跳做下一個子題。

評值項目	評值標準	分數	是否給分		說明
			是	否	
一、為二個月大嬰兒沖泡 120c.c.牛奶，並餵食					
1. 準備工作	(1)用洗手乳搓洗雙手、沖洗乾淨，以擦手紙擦乾。	2			
2. 取 120c.c. 開水	(1)於奶瓶內先倒入冷開水，再倒入熱開水，共注入 120c.c.。	2			
	(2)以手腕內側貼近瓶身測試水溫，須調至適合沖泡牛奶的溫度。	2			
3. 加適量奶粉	(1)拿起奶粉罐，看罐上說明，應檢人口述奶粉的保存期限。	2			
	(2)依罐上說明，應檢人口述每匙奶粉加水量。	2			
	(3)取正確匙數的奶粉放入奶瓶內，每匙奶粉須以壓舌板或奶粉罐內附刮板刮平。	2			
4. 沖泡牛乳	(1)將奶嘴、奶嘴固定圈和奶瓶蓋套在奶瓶上拴好。	2			

	(2)雙手握瓶身，以旋轉方式使奶粉溶於水中。	2			
	(3)由瓶底檢視奶粉確實沖泡均勻。	2			
5. 營造愉快的餵奶氣氛	(1)將奶瓶、紗布巾放在餵食座椅之近身處。 (2)用話語安撫嬰兒的情緒。 (3)幫嬰兒圍上圍兜並固定。	2			
6. 餵奶安全	(1)支撐嬰兒頭、頸及臀部，由嬰兒床上安全抱起嬰兒。 (2)以搖籃式手法抱著嬰兒，坐在餵食座椅上。	2			
7. 餵奶	(1)以手托住瓶身，口述：「奶嘴充滿奶水」後再餵食。	2			
	(2)餵奶過程與嬰兒說話互動。	2			
	(3)餵完奶後，以紗布巾將嬰兒嘴巴擦乾淨。	2			
8. 拍氣	(1)將紗布巾放在自己的肩膀上。 (2)支撐嬰兒頭、頸及臀部，將嬰兒改成直立式抱法，使嬰兒下巴靠在已墊著紗布巾的肩膀上。	2			
	(3)以一手支撐嬰兒臀部，另一手掌呈杯狀（空心狀），由下往上慢慢輕拍嬰兒背部，將胃內空氣排出。	2			
	(4)持續與嬰兒說話互動，應檢人口述：「打嗝了！」 (5)拍氣後，支撐嬰兒頭、頸及臀部，將嬰兒安全抱回床上。 (6)脫下嬰兒圍兜放回原位。	2			
9. 清洗奶瓶、奶嘴	(1)將奶水倒入奶水廚餘桶內。	2			
	(2)用大刷子刷洗奶瓶內、外側和奶瓶螺紋，並用清水沖洗乾淨。	2			
	(3)用小刷子刷洗奶瓶蓋（內側、外側）、奶嘴（內側、外側、凹痕）和奶嘴固定圈（內側螺紋、外側），用清水沖洗乾淨後，放置盤中。	2			

10.消毒奶瓶	(1)洗淨的玻璃奶瓶放入消毒鍋,加水蓋過奶瓶後,將消毒鍋放置於瓦斯爐上加熱,應檢人口述:「水開後繼續煮沸十分鐘」。	2			
	(2)將奶嘴、奶嘴固定圈、奶瓶蓋一起放入消毒鍋內加熱,應檢人口述:「繼續加熱煮沸五分鐘後熄火,放置冷卻」。	2			
11.套好奶瓶	(1)用消毒過的奶瓶夾,夾出奶瓶瀝乾水分,放置桌上。	2			
	(2)以消毒過的奶瓶夾,先夾出奶嘴固定圈,再夾出奶嘴瀝乾水分,套在奶嘴固定圈上。 (3)奶嘴固定圈套在奶瓶上拴緊,奶瓶蓋套在奶瓶上。	2			
12.整理環境	(1)消毒鍋內的水倒掉。 (2)用物歸位。 (3)以抹布擦拭乾淨所有檯面。	2			
13.衛生安全	(1)奶瓶夾在不使用時,均放置於固定(消毒過)盤子內。	2			

二、為十二個月大的嬰兒製作副食品(胡蘿蔔丁、蘋果丁),並餵食(蘋果丁、胡蘿蔔丁)

1.製作副食品準備工作	(1)用洗手乳搓洗雙手、沖洗乾淨,以擦手紙擦乾。	2			
2.備妥並洗淨用具	用冷開水沖洗製作副食品所需的用具。	2			
3.製備胡蘿蔔丁的衛生安全評估 【違反任一項評值標準,則評值項目3、4、10均不給分】	製作過程中,不得有下列任一動作: (1)以圍裙、抹布擦手或以手摸圍裙和抹布後,未再洗手。 (2)抓頭髮或摸臉後,未再洗手。 (3)製備胡蘿蔔丁食材或任一用具,未以冷開水沖洗乾淨。	2			
	(4)以手觸摸成品。 (5)在垃圾桶上去胡蘿蔔皮或以水沖洗去皮胡蘿蔔。 (6)食材或器具掉落檯面或地面,拾取後未經處理即繼續使用。	2			

4. 製備胡蘿蔔丁	(1)取胡蘿蔔一段，在乾淨的盤子上去皮，再以冷開水沖洗。	2		
	(2)在砧板上將胡蘿蔔切成 0.5 公分以下小丁。	2		
	(3)以湯匙量取至少 1 大平匙胡蘿蔔丁放置碗中。 (4)用過的湯匙、砧板和刀具以冷開水沖洗後備用。	2		
5. 製備蘋果丁的衛生安全評估 【違反任一項評值標準，則評值項目 5、6、9 均不給分】	製作過程中，不得有下列任一動作： (1)以圍裙、抹布擦手或以手摸圍裙和抹布後，未再洗手。 (2)抓頭髮或摸臉後，未再洗手。 (3)製備蘋果丁食材或任一用具，未以冷開水沖洗乾淨。	2		
	(4)以手觸摸成品。 (5)在垃圾桶上去蘋果皮或以水沖洗去皮蘋果。 (6)食材或器具掉落檯面或地面，拾取後未經處理即繼續使用。	2		
6. 製備蘋果丁	(1)取蘋果，將外皮洗淨，在盤子上去皮、去果核，再以冷開水沖洗。	2		
	(2)在砧板上將蘋果切成 0.5 公分以下小丁。	2		
	(3)以湯匙量取至少 1 大平匙蘋果丁放置碗中。	2		
7. 洗手	(1)搬餵食座椅至嬰兒高腳椅前面。 (2)用洗手乳搓洗雙手、沖洗乾淨，以擦手紙擦乾。	2		
8. 準備餵副食品	(1)幫嬰兒圍上圍兜，並與嬰兒說話互動。 (2)將蘋果丁及胡蘿蔔丁置於桌面上，應檢人坐在餵食座椅上。	2		
9. 餵蘋果丁	(1)以小湯匙舀適量蘋果丁，小口小口的餵食。	2		
	(2)說出吃蘋果丁的好處，鼓勵嬰兒進食。	2		
	(3)餵食過程中，鼓勵嬰兒咀嚼後再吞嚥。	2		

10.餵胡蘿蔔丁	(1)以小湯匙舀適量胡蘿蔔丁，小口小口的餵食。	2			
	(2)說明吃胡蘿蔔丁的好處，鼓勵嬰兒進食。	2			
	(3)餵食過程中，鼓勵嬰兒咀嚼後再吞嚥。	2			
11.清潔及歸位	(1)餵完後，以面紙幫嬰兒擦嘴巴，並持續與嬰兒說話互動。 (2)圍兜取下放回原位。 (3)座椅歸位。	2			
12.整理環境	(1)食品盒以冷開水沖洗。 (2)剩餘食材（胡蘿蔔及蘋果）放入食品盒，果皮倒入廚餘桶內，垃圾放入垃圾桶內。	2			
	(3)洗淨廚具、餐具，放回原位。 (4)清理水槽及漏水斗。 (5)檯面以抹布擦拭乾淨。	2			
13.省水動作	(1)製作副食品過程中，均注意水流量的控制。 (2)在不使用水時，關上水龍頭。	2			
合　　計		100	得分：		

備註：

1. 每位應檢人只有一份食材，故在任何情況下均不得要求再給一份食材重做。

2. 在抱寶寶餵食牛奶的過程中，只要不小心讓寶寶碰撞到，該項評值標準不給分。

三、解析

調製區「一」

(一) 為二個月大嬰兒沖泡 120c.c.牛奶，並餵食。

評值項目	評值標準	分數	是否給分		備註欄
1.準備工作	(1)用洗手乳搓洗雙手、沖洗乾淨，以擦手紙擦乾。	2	是	否	

說明：(1)－1 用洗手乳搓洗雙手、沖洗乾淨。

說明：(1)－2 以1～2張擦手紙擦乾。

說明：(1)－3 將擦手紙丟入有蓋垃圾桶。

評值項目	評值標準	分數	是否給分		備註欄
2. 取120c.c.開水	(1)於奶瓶內先倒入冷開水，再倒入熱開水，共注入120c.c.。	2	是	否	
	(2)以手腕內側貼近瓶身測試水溫，須調至適合沖泡牛奶的溫度。	2	是	否	

說明：(1)－1 將奶瓶蓋取下。

說明：(1)－2 奶瓶蓋朝上放置。

說明：(1)－3 先取冷水。	說明：(1)－4 冷水約 70～80 c.c.。

說明：(1)－5 再取熱水。	說明：(1)－6 共注入 120c.c.的水於奶瓶內。

說明：(2)以手腕內側貼近瓶身測試水溫，須 　　　調至適合沖泡牛奶的溫度。	

評值項目	評值標準	分數	是否給分		備註欄
3.加適量奶粉	(1)拿起奶粉罐，看罐上說明，應檢人口述奶粉的保存期限。	2	是	否	
	(2)依罐上說明，應檢人口述每匙奶粉加水量。	2	是	否	
	(3)取正確匙數的奶粉放入奶瓶內，每匙奶粉須以壓舌板或奶粉罐內附刮板刮平。	2	是	否	

說明：(1)拿起奶粉罐，看罐上說明，應檢人口述奶粉的保存期限。

說明：(2)依罐上說明，應檢人口述每匙奶粉加水量。

說明：(3)－1打開奶粉蓋，瓶蓋朝上放置。

說明：(3)－2每匙奶粉須以壓舌板或奶粉罐內附刮板刮平。

說明：(3)－3取正確匙數奶粉放入奶瓶內。

評值項目	評值標準	分數	是否給分		備註欄
4.沖泡牛奶	(1)將奶嘴、奶嘴固定圈和奶瓶蓋套在奶瓶上拴好。	2	是	否	
	(2)雙手握瓶身，以旋轉方式使奶粉溶於水中。	2	是	否	
	(3)由瓶底檢視奶粉確實沖泡均勻。	2	是	否	

說明：(1)將奶嘴、奶嘴固定圈和奶瓶蓋套在奶瓶上拴好。
　　　(2)雙手握瓶身，以旋轉方式使奶粉溶於水中。

說明：(3)由瓶底檢視奶粉確實沖泡均勻。

評值項目	評值標準	分數	是否給分		備註欄
5.營造愉快的餵奶氣氛	(1)將奶瓶、紗布巾放在餵食座椅之近身處。 (2)用話語安撫嬰兒的情緒。 (3)幫嬰兒圍上圍兜並固定。	2	是	否	

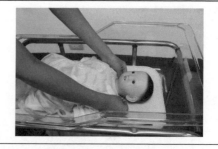

說明：(1)將奶瓶、紗布巾放在餵食座椅之近身處。
　　　(2)用話語安撫嬰兒的情緒。

說明：(3)幫嬰兒圍上圍兜並固定。

評值項目	評值標準	分數	是否給分		備註欄
6. 餵奶安全	(1)支撐嬰兒頭、頸及臀部，由嬰兒床上安全抱起嬰兒。 (2)以搖籃式手法抱著嬰兒，坐在餵食座椅上。	2	是	否	

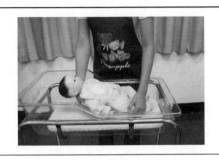

說明：(1)支撐嬰兒頭、頸及臀部，由嬰兒床上安全抱起嬰兒。

說明：(2)以搖籃式手法抱著嬰兒，坐在餵食座椅上。

評值項目	評值標準	分數	是否給分		備註欄
7. 餵奶	(1)以手托住瓶身，口述：「奶嘴充滿奶水」後再餵食。	2	是	否	
	(2)餵奶過程與嬰兒說話互動。	2	是	否	
	(3)餵完奶後以紗布巾將嬰兒嘴巴擦乾淨。	2	是	否	

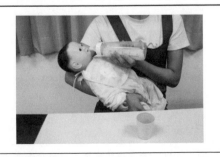

說明：(1)應檢人以手托住瓶身，口述：「奶嘴充滿奶水」後再餵食。

說明：(2)餵奶過程與嬰兒說話互動。

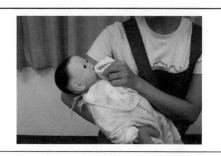

說明：(3)餵完奶後以紗布巾將嬰兒嘴巴擦乾淨。	

評值項目	評值標準	分數	是否給分		備註欄
8. 拍氣	(1)將紗布巾放在自己的肩膀上。	2	是	否	
	(2)支撐嬰兒頭、頸及臀部，將嬰兒改成直立式抱法，使嬰兒下巴靠在已墊著紗布巾的肩膀上。	2	是	否	
	(3)以一手支撐嬰兒臀部，另一手掌呈杯狀（空心狀），由下往上慢慢輕拍嬰兒背部，將胃內空氣排出。	2	是	否	
	(4)持續與嬰兒說話互動，應檢人口述：「打嗝了！」 (5)拍氣後，支撐嬰兒頭、頸及臀部，將嬰兒安全抱回床上。 (6)脫下嬰兒圍兜放回原位。	2	是	否	

說明：(1)將紗布巾放在自己的肩膀上。
　　　(2)支撐嬰兒頭、頸及臀部，將嬰兒改成直立式抱法，使嬰兒下巴靠在已墊著紗布巾的肩膀上。

說明：(3)以一手支撐嬰兒臀部，另一手掌呈杯狀（空心狀），由下往上慢慢輕拍嬰兒背部，將胃內空氣排出。
　　　(4)持續與嬰兒說話互動，應檢人口述：「打嗝了！」

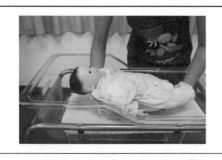 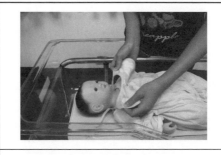

說明：(5)拍氣後，支撐嬰兒頭、頸及臀部，將嬰兒安全抱回床上。	說明：(6)脫下嬰兒圍兜放回原位。

評值項目	評值標準	分數	是否給分		備註欄
9. 清洗奶瓶、奶嘴	(1)將奶水倒入奶水廚餘桶內。	2	是	否	
	(2)用大刷子刷洗奶瓶內、外側和奶瓶螺紋，並用清水沖洗乾淨。	2	是	否	
	(3)用小刷子刷洗奶瓶蓋（內側、外側）、奶嘴（內側、外側、凹痕）和奶嘴固定圈（內側螺紋、外側），用清水沖洗乾淨後，放置盤中。	2	是	否	

說明：(1)將奶水倒入奶水廚餘桶內。	說明：(2)－1 用大刷子刷洗奶瓶內側。

說明：(2)－2 奶瓶外側。

說明：(2)－3 奶瓶螺紋，並用清水沖洗乾淨。

說明：(3)－1 用小刷子刷洗奶瓶蓋的內側與外側。

說明：(3)－2 奶嘴內側

說明：(3)－3 奶嘴外側。

說明：(3)－4 奶嘴凹痕。

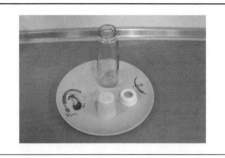

說明：(3)— 5 奶嘴固定圈內側螺紋。	說明：(3)— 6 用清水沖洗乾淨後，放置盤中。

評值項目	評值標準	分數	是否給分		備註欄
10.消毒奶瓶	(1)洗淨的玻璃奶瓶放入消毒鍋，加水蓋過奶瓶後，將消毒鍋放置於瓦斯爐上加熱，應檢人口述：「水開後繼續煮沸十分鐘」。	2	是	否	
	(2)將奶嘴、奶嘴固定圈、奶瓶蓋一起放入消毒鍋內加熱，應檢人口述：「繼續加熱煮沸五分鐘後熄火，放置冷卻」。	2	是	否	

說明：(1)— 1 洗淨的玻璃奶瓶放入消毒鍋，加水蓋過奶瓶。	說明：(1)— 2 將消毒鍋放置於瓦斯爐上加熱，應檢人口述：「水開後繼續煮沸十分鐘」。

說明：(2)－1將奶嘴、奶嘴固定圈、奶瓶蓋一起放入消毒鍋內加熱。	說明：(2)－2應檢人口述：「繼續加熱煮沸五分鐘後熄火，放置冷卻」。

評值項目	評值標準	分數	是否給分		備註欄
11. 套好奶瓶	(1)用消毒過的奶瓶夾，夾出奶瓶瀝乾水分，放置桌上。	2	是	否	
	(2)以消毒過的奶瓶夾，先夾出奶嘴固定圈，再夾出奶嘴瀝乾水分，套在奶嘴固定圈上。 (3)奶嘴固定圈套在奶瓶上拴緊，奶瓶蓋套在奶瓶上。	2	是	否	

說明：(1)－1用消毒過的奶瓶夾，夾出奶瓶瀝乾水分。 (1)－2將瀝乾水分的奶瓶放置桌上。	說明：(2)－1以消毒過的奶瓶夾，先夾出奶嘴固定圈。

說明：(2)－2 再夾出奶嘴瀝乾水分。

說明：(2)－3 套在奶嘴固定圈上。

說明：(3)－1 奶嘴固定圈套在奶瓶上拴緊。

說明：(3)－2 奶瓶蓋套在奶瓶上。

評值項目	評值標準	分數	是否給分		備註欄
12. 整理環境	(1)消毒鍋內的水倒掉。 (2)用物歸位。 (3)以抹布擦拭乾淨所有檯面。	2	是	否	

說明：(1)消毒鍋內的水倒掉。

說明：(2)用物歸位。

說明：(3)以抹布擦拭乾淨所有檯面。

評值項目	評值標準	分數	是否給分		備註欄
13. 衛生安全	(1)奶瓶夾在不使用時，均放置於固定（消毒過）盤子內。	2	是	否	

(二) 為八個月大的嬰兒製作副食品（蛋黃泥、蘋果汁），並餵食（蘋果汁、蛋黃泥）。

評值項目	評值標準	分數	是否給分		備註欄
1. 製作副食品準備工作	(1)用洗手乳搓洗雙手、沖洗乾淨，以擦手紙擦乾。	2	是	否	

說明：(1)－1 用洗手乳搓洗雙手、沖洗乾淨。

說明：(1)－2 以1～2張擦手紙擦乾。

說明：(1)－3 將擦手紙丟入有蓋垃圾桶。

評值項目	評值標準	分數	是否給分		備註欄
2. 備妥並洗淨 用具	(1)用冷開水沖洗製作副食品所需的用具。	2	是	否	

說明：(1)－1 用冷開水沖洗製作副食品所需
　　　的用具。

說明：(1)－2 用冷開水沖洗製作副食品所需
　　　的用具。

說明：(1)－3 倒扣在已用冷開水沖洗過的瀝
　　　水籃內（此時餐具不可放置於水槽
　　　內）。

評值項目	評值標準	分數	是否給分		備註欄
3. 製備蛋黃泥的衛生安全評估【違反任一項評值標準,則評值項目 3、4、5、11 均不給分】	製作過程中,不得有下列任一動作: (1)以圍裙、抹布擦手,或以手摸圍裙和抹布後,未再洗手。 (2)抓頭髮或摸臉後,未再洗手。 (3)製備蛋黃泥食材或任一用具,未以冷開水沖洗乾淨。	2	是	否	
	(4)以手觸摸調成泥狀的成品。 (5)在垃圾桶上去蛋殼,或在水槽邊緣、水槽內側敲蛋殼。 (6)食材或器具掉落檯面或地面,拾取後未經處理即繼續使用。	2	是	否	

評值項目	評值標準	分數	是否給分		備註欄
4. 取出蛋黃	(1)取白煮蛋在乾淨的盤子上敲殼並去殼,再以冷開水沖洗。	2	是	否	
	(2)在砧板上用刀子將蛋切開,以湯匙取出 1/4 至 1/2 個蛋黃。	2	是	否	

說明:(1)— 1 取白煮蛋在乾淨的盤子上敲殼。	說明:(1)— 2 將白煮蛋在乾淨的盤上去殼。

說明：(1)－3 以冷開水沖洗。

說明：(2)－1 在砧板上用刀子將蛋切開。

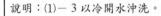

說明：(2)－2 以湯匙取出 1/4 至 1/2 個蛋黃。

評值項目	評值標準	分數	是否給分		備註欄
5. 製備蛋黃泥	(1)蛋黃放碗中用湯匙壓細碎。	2	是	否	
	(2)已壓碎的蛋黃加適量冷開水，調成均勻的泥狀。	2	是	否	
	(3)用過的湯匙、砧板和刀具，以冷開水沖洗後備用。	2	是	否	

說明：(1)－1 蛋黃放碗中用湯匙壓細碎。

說明：(2)－1 已壓碎的蛋黃加適量冷開水。

說明：(2)－2 將蛋黃調成均勻的泥狀。	說明：(3)用過的湯匙、砧板和刀具，以冷開水沖洗後備用。

評值項目	評值標準	分數	是否給分		備註欄
6. 製備蘋果汁的衛生安全評估【違反任一項評值標準，則評值項目 6、7、10 均不給分】	製作過程中，不得有下列任一動作： (1)以圍裙、抹布擦手或以手摸圍裙和抹布後，未再洗手。 (2)抓頭髮或摸臉後，未再洗手。 (3)製備蘋果汁食材或任一用具，未以冷開水沖洗乾淨。	2	是	否	
	(4)果汁調製過程以手指攪拌。 (5)在垃圾桶上去蘋果皮或以水沖洗去皮蘋果。 (6)食材或器具掉落檯面或地面，拾取後未經處理即繼續使用。	2	是	否	

評值項目	評值標準	分數	是否給分		備註欄
7. 製備蘋果汁	(1)取蘋果，將外皮洗淨，在盤子上去皮、去果核，再以冷開水沖洗。	2	是	否	
	(2)用研磨器將蘋果磨成泥狀，以濾網過濾去渣。	2	是	否	
	(3)用量匙量取 1 大匙蘋果汁放入小碗內。 (4)加入等量冷開水調勻。	2	是	否	

說明：(1)－1 取蘋果，將外皮洗淨。

說明：(1)－2 在盤子上去皮。

說明：(1)－3 用湯匙去果核。

說明：(1)－4 亦可用刀子去果核。

說明：(1)－5 冷開水沖洗。

說明：(2)－1 用研磨器將蘋果磨成泥狀。

說明：(2)－2 以濾網過濾去渣。

說明：(3)用量匙量取1大匙蘋果汁放入小碗內。

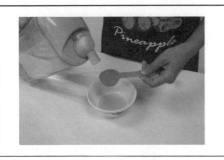

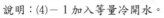

| 說明：(4)－1加入等量冷開水。 | 說明：(4)－2蘋果汁調勻。 |

評值項目	評值標準	分數	是否給分		備註欄
8.洗手	(1)搬餵食座椅至嬰兒高腳椅前面。 (2)用洗手乳搓洗雙手、沖洗乾淨，以擦手紙擦乾。	2	是	否	

| 說明：(1)搬餵食座椅至嬰兒高腳椅前面。
　　　(2)－1用洗手乳搓洗雙手、沖洗乾淨。 | 說明：(2)－2以1～2張擦手紙擦乾。 |

評值項目	評值標準	分數	是否給分		備註欄
9.準備餵副食品	(1)幫嬰兒圍上圍兜，並與嬰兒說話互動。 (2)將蛋黃泥及蘋果汁置於桌面上，應檢人坐在餵食座椅上。	2	是	否	

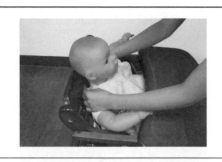	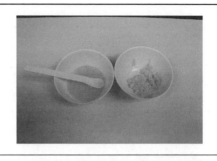
說明：(1)幫嬰兒圍上圍兜，並與嬰兒說話互動。	說明：(2)－1 將蛋黃泥及蘋果汁置於桌面上。
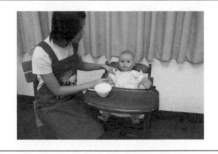	
說明：(2)－2 應檢人坐在餵食座椅上。	

評值項目	評值標準	分數	是否給分		備註欄
10. 餵蘋果汁	(1)以小湯匙舀適量蘋果汁，小口小口的餵食。	2	是	否	
	(2)說出喝蘋果汁的好處，鼓勵嬰兒進食。	2	是	否	

說明：(1)以小湯匙舀適量蘋果汁，小口小口的餵食。	說明：(2)說出喝蘋果汁的好處，鼓勵嬰兒進食。

評值項目	評值標準	分數	是否給分	備註欄
11.餵蛋黃泥	(1)以小湯匙舀適量蛋黃泥,小口小口的餵食。	2	是　否	
	(2)說出吃蛋黃泥的好處,鼓勵嬰兒進食。	2	是　否	

說明:(1)以小湯匙舀適量蛋黃泥,小口小口的餵食。	說明:(2)說出吃蛋黃泥的好處,鼓勵嬰兒進食。

評值項目	評值標準	分數	是否給分	備註欄
12.清潔及歸位	(1)餵完後,以面紙幫嬰兒擦嘴巴,並持續與嬰兒說話互動。 (2)圍兜取下放回原位。 (3)座椅歸位。	2	是　否	

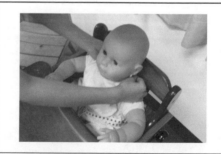

說明:(1)餵完後,以面紙幫嬰兒擦嘴巴,並持續與嬰兒說話互動。	說明:(2)圍兜取下放回原位。 　　　(3)座椅歸位。

評值項目	評值標準	分數	是否給分		備註欄
13.整理環境	(1)食品盒以冷開水沖洗。 (2)剩餘食材（蛋白、蛋黃及蘋果）放入食品盒，果皮倒入廚餘桶內，蛋殼和垃圾倒入垃圾桶內。	2	是	否	
	(3)洗淨廚具、餐具，放回原位。 (4)清理水槽和漏水斗。 (5)檯面以抹布擦拭乾淨。	2	是	否	

說明：(1)食品盒以冷開水沖洗。
　　　(2)－1 剩餘食材（蛋白、蛋黃及蘋果）放入食品盒。
　　　(2)－2 果皮倒入廚餘桶內。
　　　(2)－3 蛋殼和垃圾倒入垃圾桶內。

說明：(3)洗淨廚具、餐具，放回原位。

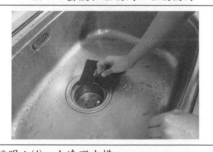

說明：(4)－1 清理水槽。

說明：(4)－2 清理漏水斗。

說明：(5)檯面以抹布擦拭乾淨。

評值項目	評值標準	分數	是否給分		備註欄
14.省水動作	(1)製作副食品過程中，均注意水流量的控制。 (2)在不使用水時，關上水龍頭。	2	是	否	

調製區「二」

(一) 為二個月大嬰兒沖泡 120c.c.牛奶，並餵食。

　　操作方式如調製區「一」：為二個月大嬰兒沖泡 120c.c.牛奶，並餵食。

(二) 為十二個月大的嬰兒製作副食品（胡蘿蔔丁、蘋果丁），並餵食（蘋果丁、胡蘿蔔丁）。

評值項目	評值標準	分數	是否給分		備註欄
1.製作副食品準備工作	(1)用洗手乳搓洗雙手、沖洗乾淨，以擦手紙擦乾。	2	是	否	

說明：(1)－1 用洗手乳搓洗雙手、沖洗乾淨。

說明：(1)－2 以1～2張擦手紙巾擦乾。

說明：(1)－3 將擦手紙丟入有蓋垃圾桶。

評值項目	評值標準	分數	是否給分		備註欄
2.備妥並洗淨用具	(1)用冷開水沖洗製作副食品所需的用具。	2	是	否	

說明：(1)－1用冷開水沖洗製作副食品所需的用具。	說明：(1)－2用冷開水沖洗製作副食品所需的用具。

說明：(1)－3倒扣在已用冷開水沖洗過的瀝水籃內（此時餐具不可放置於水槽內）。	

評值項目	評值標準	分數	是否給分		備註欄
3.製備胡蘿蔔丁的衛生安全評估【違反任一項評值標準，則評值項目 3、4、10 均不給分】	製作過程中，不得有下列任一動作： (1)以圍裙、抹布擦手或以手摸圍裙和抹布後，未再洗手。 (2)抓頭髮或摸臉後，未再洗手。 (3)製備胡蘿蔔丁食材或任一用具，未以冷開水沖洗乾淨。	2	是	否	
	(4)以手觸摸成品。 (5)在垃圾桶上去胡蘿蔔皮或以水沖洗去皮胡蘿蔔。 (6)食材或器具掉落檯面或地面，拾取後未經處理即繼續使用。	2	是	否	

評值項目	評值標準	分數	是否給分		備註欄
4.製備胡蘿蔔丁	(1)取胡蘿蔔一段，在乾淨的盤子上去皮，再以冷開水沖洗。	2	是	否	
	(2)在砧板上將胡蘿蔔切成 0.5 公分以下小丁。	2	是	否	
	(3)以湯匙量取至少 1 大平匙胡蘿蔔丁放置碗中。 (4)用過的湯匙、砧板和刀具以冷開水沖洗後備用。	2	是	否	

說明：(1)－1 取胡蘿蔔一段，在乾淨的盤子上去皮。

說明：(1)－2 以冷開水沖洗。

說明：(2)在砧板上將胡蘿蔔切成 0.5 公分以下小丁。

說明：(3)－1 以湯匙量取至少 1 大平匙胡蘿蔔丁。

| 說明：(3)－2 將胡蘿蔔丁放置碗中。 | 說明：(4)用過的湯匙、砧板和刀具以冷開水沖洗後備用。 |

評值項目	評值標準	分數	是否給分		備註欄
5. 製備蘋果丁的衛生安全評估 【違反任一項評值標準，則評值項目 5、6、9 均不給分】	製作過程中，不得有下列任一動作： (1)以圍裙、抹布擦手或以手摸圍裙和抹布後，未再洗手。 (2)抓頭髮或摸臉後，未再洗手。 (3)製備蘋果丁食材或任一用具，未以冷開水沖洗乾淨。	2	是	否	
	(4)以手觸摸成品。 (5)在垃圾桶上去蘋果皮或以水沖洗去皮蘋果。 (6)食材或器具掉落檯面或地面，拾取後未經處理即繼續使用。	2	是	否	

評值項目	評值標準	分數	是否給分		備註欄
6. 製備蘋果丁	(1)取蘋果，將外皮洗淨，在盤子上去皮、去果核，再以冷開水沖洗。	2	是	否	
	(2)在砧板上將蘋果切成 0.5 公分以下小丁。	2	是	否	
	(3)以湯匙量取至少 1 大平匙蘋果丁放置碗中。	2	是	否	

說明：(1)－1 取蘋果，將外皮洗淨。	說明：(1)－2 在盤子上去皮。
說明：(1)－3 用湯匙去果核。	說明：(1)－4 以冷開水沖洗。
說明：(2)－1 在砧板上將蘋果切成 0.5 公分以下小丁。	說明：(2)－2 在砧板上將蘋果切成 0.5 公分以下小丁。
說明：(3)－1 以湯匙量取至少 1 大平匙蘋果丁。	說明：(3)－2 將蘋果丁放置碗中。

評值項目	評值標準	分數	是否給分		備註欄
7. 洗手	(1)搬餵食座椅至嬰兒高腳椅前面。 (2)用洗手乳搓洗雙手、沖洗乾淨，以擦手紙擦乾。	2	是	否	

說明：(1)搬餵食座椅至嬰兒高腳椅前面。 　　　(2)－1 用洗手乳搓洗雙手、沖洗乾淨。	說明：(2)－2 以 1～2 張擦手紙擦乾。

評值項目	評值標準	分數	是否給分		備註欄
8. 準備餵副食品	(1)幫嬰兒圍上圍兜，並與嬰兒說話互動。 (2)將蘋果丁及胡蘿蔔丁置於桌面上，應檢人坐在餵食座椅上。	2	是	否	

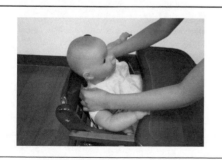 

說明：(1)幫嬰兒圍上圍兜，並與嬰兒說話互動。	說明：(2)－1 將蘋果丁及胡蘿蔔丁置於桌面上。

說明：(2)—2 應檢人坐在餵食座椅上。

評值項目	評值標準	分數	是否給分		備註欄
9. 餵蘋果丁	(1)以小湯匙舀適量蘋果丁，小口小口的餵食。	2	是	否	
	(2)說出吃蘋果丁的好處，鼓勵嬰兒進食。	2	是	否	
	(3)餵食過程中，鼓勵嬰兒咀嚼後再吞嚥。	2	是	否	

說明：(1)以小湯匙舀適量蘋果丁，小口小口的餵食。

說明：(2)說出吃蘋果丁的好處，鼓勵嬰兒進食。
(3)餵食過程中，鼓勵嬰兒咀嚼後再吞嚥。

評值項目	評值標準	分數	是否給分		備註欄
10. 餵胡蘿蔔丁	(1)以小湯匙舀適量胡蘿蔔丁，小口小口的餵食。	2	是	否	
	(2)說明吃胡蘿蔔丁的好處，鼓勵嬰兒進食。	2	是	否	
	(3)餵食過程中，鼓勵嬰兒咀嚼後再吞嚥。	2	是	否	

說明：(1)以小湯匙舀適量胡蘿蔔丁，小口小口的餵食。	說明：(2)說明吃胡蘿蔔丁的好處，鼓勵嬰兒進食。 (3)餵食過程中，鼓勵嬰兒咀嚼後再吞嚥。

評值項目	評值標準	分數	是否給分		備註欄
11. 清潔及歸位	(1)餵完後，以面紙幫嬰兒擦嘴巴，並持續與嬰兒說話互動。 (2)圍兜取下放回原位。 (3)座椅歸位。	2	是	否	

說明：(1)餵完後，以面紙幫嬰兒擦嘴巴，並持續與嬰兒說話互動。	說明：(2)圍兜取下放回原位。 (3)座椅歸位。

評值項目	評值標準	分數	是否給分		備註欄
12. 整理環境	(1)食品盒以冷開水沖洗。 (2)剩餘食材（胡蘿蔔及蘋果）放入食品盒，果皮倒入廚餘桶內，垃圾放入垃圾桶內。	2	是	否	
	(3)洗淨廚具、餐具，放回原位。 (4)清理水槽及漏水斗。 (5)檯面以抹布擦拭乾淨。	2	是	否	

說明：(1)食品盒以冷開水沖洗。 (2)－1 剩餘食材（胡蘿蔔及蘋果）放入食品盒。 (2)－2 果皮倒入廚餘桶內。 (2)－3 垃圾放入垃圾桶內。	說明：(3)洗淨廚具、餐具，放回原位。

說明：(4)清理水槽及漏水斗。	說明：(5)檯面以抹布擦拭乾淨。

評值項目	評值標準	分數	是否給分		備註欄
13. 省水動作	(1)製作副食品過程中，均注意水流量的控制。 (2)在不使用水時，關上水龍頭。	2	是	否	

第四節　調製區學科試題

（ 3 ）1. 下列何者是含鐵豐盛的嬰兒副食品？　①蘋果汁　②牛乳　③肝泥　④豆腐泥。

（ 1 ）2. 供給幼兒的點心佔整日熱量的百分率應為多少較恰當？　①

①10～15%　②20～25%　③30%　④35%。

（1）3. 為幼兒選取點心時應注意熱量分配以免影響下一餐正常食慾，通常點心供應維持在　①100卡　②200卡　③300卡　④400卡　左右。

（4）4. 何者不是製作幼兒點心要注意的事項？　①衛生新鮮易消化　②色香味、食物外型及餐具搭配　③控制熱量並均衡營養素　④精緻可口，完全遷就幼兒口味。

（1）5. 供應幼兒點心的適合時間為　①上午十點、下午三點　②上午十點、晚上九點　③下午三點、晚上九點　④隨幼兒的喜好。

（3）6. 肉泥類副食品最好在嬰兒多大時開始添加？　①三個月　②五個月　③七個月　④十二個月。

（2）7. 嬰兒在什麼時候最適合開始添加富含澱粉的副食品？　①三～四個月　②五～六個月　③七～八個月　④視實際情況而定。

（4）8. 副食品添加的原則何者有誤？　①每次只吃一種新的副食品，等吃慣後，再加另一種新的副食品　②添加新的副食品由少量開始漸增其份量　③添加新的副食品後，須注意嬰兒大便及皮膚的情形　④添加副食品後，孩子如有異常狀況，應停一天後隨即接著添加，以免中斷副食品的攝食。

（3）9. 下列有關嬰兒副食品添加的敘述，何者為非？　①添加副食品的目的是為了補充牛乳中所不足的營養成份　②餵食嬰兒副食品的態度會影響嬰兒對副食品的接受度　③雞蛋內有品質優良的蛋白質，因此應在嬰兒六個月大時即開始添加全蛋　④讓嬰兒習慣食物及學習吞嚥是斷奶前的準備。

（1）10. 八個月大的幼兒不適合添加下列哪種副食品？　①蒸蛋　②麥糊　③嫩豆腐　④菜泥。

（4）11. 下列何者敘述，不適用於嬰兒餵食？　①用湯匙餵食　②開始用杯子進食　③開始長牙時提供烤麵包並准許幼兒自己進食　④自由發展。

（2）12. 下列何者不會影響幼兒的飲食習慣？　①在用餐時成人以身作則

②食物的價格 ③是否有選擇食物的機會 ④食物的味道與外觀。

（3）13. 母乳因其中所含何種成分較牛乳高，故更適合哺餵嬰兒？ ①維生素 C ②礦物質 ③溶菌酵素 ④蛋白質。

（3）14. 預防嬰兒便秘應 ①牛乳加麥片 ②喝蜂蜜水 ③多喝開水 ④吃藥。

（2）15. 可促進幼兒腸胃蠕動，幫助消化，增進食慾的維生素是 ①A ②B_1 ③B_2 ④C。

（4）16. 如何用感官評定奶粉的品質變壞？ ①乾燥粉末狀，顆粒均勻一致，無凝塊或結團 ②色澤均勻一致，顏色淺黃 ③將奶粉倒入25℃的水中，水面上的奶粉很快潤溼下沉，並完全溶解 ④奶粉結塊或帶有微鹹的油味。

（3）17. 下列何者不是新鮮雞蛋的特徵？ ①蛋殼表面光潔，顏色鮮明 ②蛋黃完整，位於蛋的中央 ③雞蛋氣室大，位置固定 ④蛋白無色透明，沒有任何斑點。

（3）18. 一般家庭清潔奶瓶時，以下列哪種方法最常用？ ①以消毒水消毒 ②用開水燙 ③以煮沸法消毒 ④用洗潔劑清洗。

（2）19. 所謂斷奶是指 ①不再給嬰兒吃奶 ②循序漸減少餵奶量並增加副食品餵食量 ③不再抱著嬰兒餵奶 ④讓嬰兒戒掉吃奶嘴的習慣。

（3）20. 下列哪一種裝備是新生兒時期的非必需品？ ①溫度計 ②尿布 ③學步車 ④嬰兒床。

（3）21. 嬰幼兒所使用的衣物應選擇哪一種質料為宜？ ①絲織品 ②合成纖維 ③棉製品 ④聚酯纖維。

（4）22. 照顧嬰兒的裝備中，非迫切的必需品為 ①小床和衣物 ②浴盆和嬰兒肥皂 ③溫度計和安全別針 ④高腳椅。

（2）23. 下列何者不是選購嬰兒衣服應當考慮的項目？ ①保溫性 ②美觀性 ③透氣性 ④吸汗性。

（4）24. 嬰兒渴望吸奶的原因以何者為非？ ①飢餓 ②愛吸吮 ③習慣 ④運動。

（2）25. 最好的語言教育是 ①認識字卡 ②從嬰兒出生起即與他說話 ③

在床頭懸掛音樂鈴　④放錄音帶給他聽。

（1）26. 沖泡嬰兒的牛乳，其溫度幾度最適宜？　①37℃　②50℃　③60℃　④越熱越好。

（1）27. 為嬰兒增減衣服的考量原則，以下何者為非？　①孩子的年齡　②孩子流汗的程度　③室內是否裝有冷暖氣空調設備　④季節的變化。

（4）28. 為嬰兒準備寢具的原則，以下何者為非？　①被子不宜太軟　②鋪在床褥上的被墊以能吸汗或吸尿為主　③嬰兒睡覺時不需特別用枕頭　④優先考慮具有卡通圖案的寢具。

（3）29. 餵奶的時間表應為　①嚴格規定時間　②不必嚴格規定時間　③具有彈性的調整時間　④隨時隨地均可。

（2）30. 戒掉奶嘴的方式，下列何者最適合？　①懲罰　②漸進誘導　③奶嘴塗抹辣椒　④把奶嘴藏起來。

（1）31. 食物養分保持的方法，下列何者錯誤？　①炒菜時多加水　②淘米次數不要太多　③避免添加小蘇打或鹼　④避免重複烹煮。

（3）32. 嬰幼兒飲食調配的原則為何？A.注意清潔衛生 B.色香味俱全 C.培養正確的餐桌禮儀 D.符合嬰幼兒消化機能。　①CD　②AC　③AD　④BD。

（1）33. 下列敘述何者為是？　①一歲以下的嬰兒不可給予鮮乳飲用　②嬰兒可以給予蜂蜜水　③八個月大的嬰兒可給予軟嫩的蒸蛋　④嬰兒可給予柳丁原汁以獲得維生素C。

（2）34. 洗澡時，嬰幼兒若哭鬧，保母應如何處理？　①抱他起來，在房內走動　②安撫誘哄並盡速洗完澡　③乾脆不要洗　④把盆子注滿水，拿來替他洗澡。

（1）35. 夏天給嬰兒洗澡的水溫應維持　①同體溫　②同室溫　③41～43℃　④25℃左右。

（3）36. 可能造成嬰幼兒意外傷害的居家環境有：A.樓梯口未設柵欄 B.玩鈕扣、豆子和珠子 C.洗澡時玩電線和插座 D.玩安全玩具。　①ABD ②BCD　③ABC　④ACD。

（4）37. 下列何種烹調方式不適合嬰幼兒的消化機能？　①蒸　②煮　③燉

④炸。

（ 4 ）38. 台灣地區一歲以下幼兒的意外死亡原因，以何者為最高？　①機車
交通事故　②中毒　③墜落　④窒息。

（ 2 ）39. 自用汽車非常普遍，嬰幼兒搭乘時　①大人抱著最安全　②要使用
汽車專用的幼兒安全座位才好　③坐嬰兒車上或嬰兒椅即可　④要
綁安全帶才安全。

（ 2 ）40. 下列何者不是選擇安全嬰兒床的考量？　①床板不可有碎木及裂
縫，油漆不可含鉛　②漂亮可愛　③床邊降下時要高於墊席約十公
分　④床邊之內門應是手動可上鎖，意外時可取下者。

（ 3 ）41. 容易造成嬰兒意外哽塞的食物為　①布丁　②麵條　③湯圓　④豆
腐。

（ 2 ）42. 四個月大的嬰兒，通常多久餵一次奶？　①二小時　②四小時　③
七小時　④八小時。

（ 3 ）43. 下列何者不會影響嬰兒餵奶的效果？　①嬰兒的姿勢　②含在口中
奶頭的位置　③奶瓶的材質　④環境及態度。

（ 2 ）44. 餵完奶之後，拍嬰兒背部的目的是　①促進嬰兒入睡　②幫助排氣
③叫醒嬰兒　④觀察有無吐奶。

（ 1 ）45. 用微波爐熱牛乳，如何測試溫度？　①需先搖晃，然後手握奶瓶測
溫　②設定三分鐘　③用口吸測試　④加熱後立即手握奶瓶測溫。

（ 1 ）46. 給嬰兒洗澡時，如何調配水溫？　①先放冷水再加熱水　②先放熱
水再加冷水　③冷熱水同時加　④無所謂。

（ 4 ）47. 母乳的好處何者為非？　①成分適合嬰兒　②通常無菌　③含有抗
體　④不需要添加副食品。

（ 3 ）48. 寶寶添加副食品的原則，以下何者錯誤？　①一次添加一種　②由
小量逐漸增加　③以成人的口味來評估是否可口　④從半固體食物
如果泥、米麥泥等開始。

（ 1 ）49. 可維護幼兒視力，保持上皮組織完整性的維生素是　① A　② B_1
③ B_2　④ C。

（ 2 ）50. 與人體血色素形成有關的礦物質是　①鈣　②鐵　③碘　④氯。

（1）51. 嬰幼兒四至六個月未添加副食品，會產生　①缺鐵性貧血　②血鐵質沉著症　③地中海貧血　④口手足症。

（3）52. 海魚、海帶、紫菜等食物富含哪一種礦物質？　①鈣　②鐵　③碘　④氟。

（4）53. 柑橘、番石榴含量最豐富的維生素是　①A　②B₁　③B₂　④C。

（4）54. 糙米中維生素　①D　②K　③C　④B₂ 的含量十分豐富。

（4）55. 下列哪一項不是含豐富鐵質的嬰兒食物？　①蛋黃　②肉泥　③綠色蔬菜　④牛乳。

（3）56. 一至三歲的幼兒每日所供應的蛋白質，至少應有多少比例來自動物性蛋白，才能有助於嬰兒生長發育？　① 1/3　② 1/2　③ 2/3　④無所謂。

（2）57. 下列何項不是健康的醣類來源？　①全穀類　②精製糕點　③米飯　④全麥麵包。

（1）58. 與幼兒骨骼生長有關的礦物質是　①鈣　②鐵　③碘　④氯。

（3）59. 缺乏下列何種維生素會產生壞血病及齒齦發炎？　①維生素A　②維生素B　③維生素C　④維生素D。

（4）60. 下列哪一項不是嬰幼兒選擇奶瓶的考量？　①瓶口要大　②瓶內要平滑無死角　③奶瓶的數量一定要比每天餵奶的次數多　④適合嬰兒抓握。

（4）61. 提供嬰幼兒點心的原則，以下何者錯誤？　①在兩餐之間供應　②份量以不影響下一餐為主　③多提供牛乳、乾酪及酸奶酪等食物　④多提供巧克力及含糖多的果汁。

（1）62. 下列何者為錯誤的觀念？　①蔬菜要先切後洗　②不要把蔬菜放在水中久泡　③燒菜時應先將水煮沸後再放入蔬菜　④烹調蔬菜時應隨切隨炒，以減少水溶性維生素的流失。

（3）63. 哪種食品不適合嬰幼兒食用？　①蛋白質量高的食品　②營養均衡的食品　③太鹹的食品　④清淡的食品。

（4）64. 挑選質優的鮮果榨汁，以下何者為非？　①果汁色澤鮮艷透明　②甜酸適口，無其他不良氣味　③有原果汁香氣　④含有豐富的維生

素 B。

（ 3 ）65. 下列哪項不是照顧一歲半幼兒的必備用品？　①溫度計　②乳牙刷　③溫奶器　④訓練杯。

（ 1 ）66. 下列哪項不是選購「背帶」的必要條件？　①美觀性　②安全性　③舒適性　④實用性。

（ 2 ）67. 夏天到了，張媽媽每天都為八個月大的孩子洗澡，請問下列哪項不是為嬰兒洗澡的必要用品？　①嬰兒用沐浴精　②痱子粉　③大浴巾　④合適的衣物。

（ 3 ）68. 應何時開始為孩子做口腔清潔的工作？　①斷奶後　②開始長牙時　③從初生開始　④滿月後。

（ 4 ）69. 下列何者不是可以開始如廁訓練的原則？　①孩子願意自己坐在馬桶上　②孩子會表達便意　③孩子的大小號次數及時間固定　④孩子已經滿二歲了。

（ 4 ）70. 下列何者是三歲孩子可以做的家事？　①自己出去倒垃圾　②自己在花園澆花　③洗碗筷　④摺衣服。

（ 1 ）71. 下列何者有誤？　①保母忙碌時，可以把奶瓶架好讓孩子自己喝奶　②泡奶時應先加冷水再加熱水　③人工哺乳時，奶嘴應充滿奶水　④孩子自己可以握奶瓶時，可以換成塑膠奶瓶。

（ 1 ）72. 下列哪種植物有毒？　①聖誕紅　②玫瑰花　③菊花　④康乃馨。

（ 4 ）73. 下列敘述何者為非？　①為嬰幼兒選擇合身且不易燃的衣物　②餵嬰幼兒食物之前，應先確定溫度是否適當　③家有學步兒時，應避免使用桌巾或垂下來的桌墊　④為了讓孩子學習適應家庭生活，應避免在地磚上鋪設軟墊。

（ 3 ）74. 下列敘述何者為非？　①即使是孩子，乘坐機車時亦應戴合適的安全帽②應避免讓孩子坐汽車前座　③帶孩子上下公車時，都應該讓孩子走前面　④娃娃推車應避免使用手扶梯。

（ 2 ）75. 正常滿周歲的小孩，其體重約為出生體重的幾倍？　①2倍　②3倍　③4倍　④5倍。

（ 1 ）76. 第一次替嬰兒添加含鐵副食品，應從下列何者開始著手？　①添加

鐵的穀粉　②蛋黃　③深綠色蔬菜　④肉類。

（2）77. 像菠菜等顏色深綠的蔬菜，富含以下何種營養素？A.維生素A；B.維生素 B_{12}；C.維生素C；D.維生素D。　①AB　②AC　③ABC　④BCD。

（1）78. 黃豆蛋白常用來做止瀉奶粉的材料，原因是　①不含乳糖　②植物性　③增加免疫性　④調整腸道蠕動。

（3）79. 寶寶感冒拉肚子時，不應採取下列何種措施？　①暫時不喝牛乳　②請教醫師是否暫時改用止瀉奶粉　③多吃蛋以補充營養　④喝米湯。

（3）80. 下列哪一項敘述不符合「均衡飲食」的原則？　①不偏食　②每天吃六大類食物　③食物種類越多越好　④各種營養素平均攝取。

（2）81. 嬰兒應給予適度的日光浴以幫助製造下列哪種維生素？　①A　②D　③E　④C。

（2）82. 下列何者是高熱量食物，盡量少給孩子吃？A.全脂奶 B.開心果 C.運動飲料 D.洋芋片。　①AC　②BD　③ABC　④ABD。

（4）83. 電視造成幼兒肥胖的原因，下列哪一項是錯誤的？　①看電視時不動，減少了活動量　②看電視時吃東西，增加熱量攝取　③吃電視廣告的食物，多半是高脂肪、高熱量食物　④電視有輻射。

（3）84. 幼兒運動後，最好選用下列哪一種飲料以補充水分？　①開水中加一點鹽　②運動飲料　③白開水　④果汁。

（3）85. 每次供給幼兒點心至少應距離正餐多少時間較恰當？　①半小時　②1小時　③2小時　④4小時。

（3）86. 一般嬰兒滿周歲時，身高約　①50公分　②65公分　③75公分　④90公分。

（1）87. 嬰兒缺乏下列哪一種脂肪酸，會產生溼疹樣皮膚炎？　①亞麻油酸　②次亞麻油酸　③天門冬胺酸　④花生油酸。

（2）88. 嬰兒於幾個月大時可開始供應蛋白質豐富的副食品？　①五個月　②七個月　③九個月　④十一個月。

（3）89. 防治口角炎和舌炎等的維生素是？　①A　② B_1　③ B_2　④C。

（3）90. 為幼兒選購小馬桶，會考慮哪些因素？A.底部比上半部寬的比較穩固 B.容易清洗 C.尺寸、大小剛剛好吻合幼兒的屁股 D.有固定器能固定尿杯。　①ABC　②BCD　③ABD　④ABCD。

（4）91. 有什麼方法可以防止踢被？　①開暖氣　②使用睡袋　③讓幼兒多穿一些衣物或穿著睡袍睡　④用安全別針或夾子，把被子固定在幼兒身上。

（1）92. 保母如何有效率的運用時間？　①每天睡前，先把環境稍作整理，將次日幼兒需要的材料和用具準備好，放在固定的地方　②為好好照顧幼兒，餐點最好外買　③為節省時間，所有的事要一口氣做完　④孩子不哭鬧的時候完成家事。

（1）93. 為幼兒選購合腳的鞋子，下列敘述何者正確？　①左右腳均試穿　②請孩子坐著試穿　③試穿一隻腳即可，以免孩子不耐煩　④買大一號，才穿得久。

（3）94. 學步兒很難換尿布時，可以採用以下哪些策略？A.先將換尿布所需的溼巾、尿布等準備就緒 B.創造些活動讓他躺著有事做，比較不會動來動去 C.在固定的地方站著換 D.由後面追著幫他換。　①BCD ②ACD　③ABC　④ABCD。

（3）95. 三歲幼兒平均身高約為　①75公分　②85公分　③95公分　④105公分。

（4）96. 四至七個月大的嬰兒，不適合下列何種食物？　①米糊　②蔬菜泥　③果汁　④蛋黃。

（1）97. 七至九個月大的嬰兒，不適合下列何種食物？　①全蛋　②豆腐　③肝泥　④麵線。

（4）98. 十一個月大的嬰兒，不適合下列何種食物？　①魚鬆　②饅頭　③乾飯　④鮮乳。

（4）99. 蜂蜜中可能含有何種菌種，所以不適合嬰兒食用？　①乳酸桿菌　②大腸桿菌　③腸炎弧菌　④肉毒桿菌。

（2）100. 處理副食品時若手部有傷口易產生何種污染？　①腸炎弧菌　②金黃色葡萄球菌　③仙人掌桿菌　④沙門氏菌。

（ 4 ）101.烹調雞蛋前需先將雞蛋洗淨，否則易有何種細菌污染？ ①肉毒桿菌 ②腸炎弧菌 ③乳酸桿菌 ④沙門氏菌。

（ 3 ）102.夏天氣候潮溼穀類容易發霉，其中對身體危害最大的黴菌毒素為 ①綠麴毒素 ②紅麴毒素 ③黃麴毒素 ④黑麴毒素。

（ 4 ）103.嬰幼兒飲食中缺乏鐵質會造成 ①溶血性貧血 ②地中海貧血 ③巨球性貧血 ④小球性貧血。

（ 4 ）104.動物性食品中含有何種維生素，可避免幼兒產生惡性貧血？ ①B_1 ②B_2 ③B_6 ④B_{12}。

（ 2 ）105.幼兒缺乏何種維生素物質易產生佝僂症？ ①A ②D ③E ④K。

（ 1 ）106.幼兒軟骨症是缺乏何種礦物質？ ①鈣 ②鐵 ③鈉 ④鎂。

（ 4 ）107.幼兒飲食中鹽分過高，會造成下列何種問題？A.腎臟負擔 B.高血壓 C.心臟病 D.齲齒。 ①ABD ②ACD ③ABCD ④ABC。

（ 4 ）108.幼兒發燒時的食物，不宜選擇 ①高營養 ②易消化 ③半流質 ④水分少。

（ 4 ）109.副食品中，提供肝泥可補充何種營養素？ ①鈉 ②鈣 ③鉀 ④鐵。

（ 1 ）110.副食品提供胡蘿蔔，因其富含 ①維生素A ②維生素B ③維生素C ④維生素E。

（ 2 ）111.幼兒喜歡甜食會引發下列何種症狀？A.食慾不振 B.高血壓 C.肥胖 D.齲齒。 ①ABC ②ACD ③ABD ④BCD。

（ 4 ）112.下列的營養觀念何者不正確？ ①食物的質應優於量 ②吃飯時間不超過一小時 ③牛乳可提供維生素B ④油脂在炒菜用油中即可獲得不需特別攝取。

（ 2 ）113.下列敘述何者正確？ ①燉煮雞肉後雞湯比雞肉營養 ②幼兒若素食則應多補充鐵質和維生素 ③蛋黃含高膽固醇幼兒應少食用 ④選用低敏奶粉可以提高嬰兒的免疫力。

（ 4 ）114.下列何者不是嬰兒食物過敏症狀？ ①嘔吐 ②腹痛 ③下痢 ④發燒。

（ 1 ）115.下列何者較不易引起嬰兒食物過敏？ ①米糊 ②全蛋 ③牛乳 ④豆漿。

（ 4 ）116.對嬰兒營養攝取的建議，下列敘述何者不正確？ ①嬰兒每公斤體重需 100 大卡的熱量 ②母乳中含有多元不飽和脂肪酸（DHA、EPA），牛乳則缺乏 ③餵食母乳者通常有較高的鈣吸收率 ④配方奶因添加鐵質所以吸收率較母乳好。

參考文獻

中文部分

內政部兒童局（2008）。**保母實務手冊**。台北：內政部兒童局。

內政部兒童局（2011）。**作一個優質保母**。台北：內政部兒童局。

孔慶聞、林佳蓉、陳慶華、葉寶華（2001）。**幼兒營養與膳食**（第二版）。
台北：永大。

王銘富（1993）。營養與健康面面觀。**靜宜食營簡訊，2**，8-12。

台北市政府教育局體育及衛生保健科（2011a）。**台北市各級學校疑似食物中
毒事件處理流程**。2012 年 8 月 15 日，取自 http://www.doe.taipei.gov.tw/
public/Attachment/1914112190.pdf

台北市政府教育局體育及衛生保健科（2011b）。**學校疑似食物中毒事件簡速
報告單**。2012 年 8 月 15 日，取自 http://www.doe.taipei.gov.tw/public/At-
tachment/19141113308.pdf

台灣營養學會（無日期）。**新、舊版每日飲食指南比較**。2009 年 10 月 30 日，
修編自 http://www.nutrition.org.tw/contentbypermalink/5a9304d50f7490340b
d70feb4b671e18

行政院衛生署（無日期）。2010 年 8 月，取自 http://food.doh.gov.tw/foodnew/
MenuThird.aspx? SecondMenuID=16&ThirdMenuID=103

行政院衛生署（1995）。**每日飲食指南：成人均衡飲食建議量**。台北：行政
院衛生署。

行政院衛生署（1997）。**嬰兒期營養**。台北：行政院衛生署。

行政院衛生署（2000）。**嬰兒期營養──嬰兒餵哺指南手冊**。台北：行政院
衛生署。

行政院衛生署（2002a）。**中華民國飲食手冊**（三版）。台北：行政院衛生署。

行政院衛生署（2002b）。**台灣地區營養食品資料庫**。台北：行政院衛生署。

行政院衛生署（2002c）。**國人膳食營養參考攝取量**。台北：行政院衛生署。

行政院衛生署（2002d）。**每日飲食指南**。2012 年 8 月 15 日，取自 http://www.doh.gov.tw/CHT2006/DM/DM2_p01.aspx? class_no=3&now_fod_list_no=96&level_no=3&doc_no=219

行政院衛生署（2003a）。**國人膳食營養素參考攝取量及其說明第六修訂版（POD）**。台北：行政院衛生署。

行政院衛生署（2003b）。**國人膳食營養素參考攝取量各項名詞說明及對照表**。台北：行政院衛生署。

行政院衛生署（2005a）。**每日飲食指南：成人均衡飲食建議量參考手冊**。台北：行政院衛生署。

行政院衛生署（2005b）。**長大的秘密武器：3-6 歲幼兒營養教育**。台北：行政院衛生署。

行政院衛生署（2005c）。**舞動青春‧健康加分：青少年營養參考手冊**。台北：行政院衛生署。

行政院衛生署（2005d）。**營造孩子的健康人生：幼兒期營養參考手冊**。台北：行政院衛生署。

行政院衛生署（2006）。**食物代換表**。台北：行政院衛生署。

行政院衛生署（2007）。**市售包裝食品營養標示規範**。台北：行政院衛生署。

行政院衛生署食品藥物管理局（2011a）。**每日飲食指南**。2012 年 8 月 15 日，取自 http://consumer.fda.gov.tw/Pages/Detail.aspx? nodeID=72&pid=392。台北：行政院衛生署食品藥物管理局。

行政院衛生署食品藥物管理局（2011b）。**國人膳食營養素參考攝取量**。2012 年 9 月 24 日，取自 http://consumer.fda.gov.tw/Files/doc/國人營養素參考攝取量.pdf。台北：行政院衛生署食品藥物管理局。

行政院衛生署食品藥物管理局（2011c）。**國民飲食指標**。2012 年 8 月 15 日，取自 http://consumer.fda.gov.tw/Pages/Detail.aspx? nodeID=72&pid=393。台北：行政院衛生署食品藥物管理局。

行政院衛生署食品藥物管理局（2011d）。**食物份量代換表**。2012 年 8 月 15 日，取自 http://consumer.fda.gov.tw/Pages/Detail.aspx? nodeID=73&pid=398

行政院衛生署食品藥物管理局（2011e）。**營養素的功能與食物來源**。2012 年

8 月 15 日，取自 http://consumer.fda.gov.tw/Pages/Detail.aspx? nodeID=73& pid=399

行政院衛生署食品藥物管理局（2012）。**食品添加物使用範圍及限量暨規格標準**。台北：行政院衛生署食品藥物管理局。

行政院衛生署國民健康局（2010）。**兒童健康手冊**（再版）。台北：行政院衛生署國民健康局。

行政院衛生署國民健康局（2012）。**兒童健康手冊**。台北：行政院衛生署國民健康局。

何佩憶（2006）。**基隆市外籍母親對幼兒期營養認知現況與營養教育需求調查**。台北教育大學幼兒教育學系研究所碩士論文，未出版，台北市。

沈敬人（2000）。**台灣地區幼兒營養素攝取狀況**。輔仁大學食品營養學系碩士論文，未出版，台北。

吳子聰等（2007）。**六家醫院因過敏而住院的 339 個病患研究**。台北：台灣兒科醫學會。

林以凱（2009）。**幼稚園課程——趨勢展望**。2008 年 12 月 12 日，取自 http://www.ece.moe.edu.tw/preschool.html

林佳蓉、曾明淑、高美丁、葉文婷、潘文涵（1999）。台灣地區四至十二歲兒童之飲食習慣與型態。**國民營養現況：1993-1996 國民營養健康狀況變遷調查結果**。台北：行政院衛生署。

林淑玲（2000）。家庭與家庭教育。載於中華民國家庭教育學會（主編），**家庭教育學**（頁 1-34）。台北：師大書苑。

林薇、劉貴雲、杭極敏、高美丁、張幸真、楊小淇（2003）。**寶寶成長記：嬰兒期營養參考手冊**。台北：行政院衛生署。

施智尹、趙文綺、張杏菱、戴文禎、許玉卿、趙偉勛、林旻樺（2007）。**新編幼兒營養與膳食**。台北：華格納。

胡育如等（2005）。**保姆人員丙級技能檢定學科突破**。台北：群英。

孫芳屏（2004）。**台灣地區社區大學營養教育需要評估研究**。國立台北護理學院醫護教育研究所碩士論文，未出版，台北。

財團法人台灣癌症基金會（2008）。「**兒童天天五蔬果**」網路結果調查報告。

2012 年 9 月 14 日，取自 http://www.canceraway.org.tw/uploads/20080422.pdf

許惠玉（2003）。**台北市兒童體位、飲食行為與家長營養知識、行為及飲食教養之關係**。台北醫學大學保健營養學研究所碩士學位論文，未出版，台北。

陳偉德（1994）。嬰幼兒生長發育的檢查——台灣嬰幼兒體位現況。**台灣醫界，38**（12），25-28。

陳偉德、吳康文、宓麗麗（1993）。重高指數：簡易而準確之小兒體重評估方法。**台灣醫學會雜誌，92**，128-134。

陳淑美（2009）。幼兒課程與教學。載於魏宗明等人（合著），**幼兒班級經營**（頁 5-1～5-34）。台中：華格納。

陳淑美、陳春月（2007）。幼稚園課程創新與教師專業成長。**幼教資訊，203**，32-34。

教育部（2012）。**教育部幼兒園教保活動大綱**。2012 年 8 月 20 日，取自 http://www.ece.moe.edu.tw/

游素玲（1990）。以 BMI 百分位分佈界定肥胖指標。**中華民國營養學會 22 週年會員手冊**，41-42。

黃伯超、游素玲（1990）。**幼兒營養與膳食**。台北：健康文化。

黃玲珠、蕭清娟（1999）。**嬰幼兒營養與餐點**。台北：合記。

黃雅文（2000）。健康衛生與營養。載於**教育部 94 年度推動之幼稚園大陸及外籍配偶子女教育北區種子教師培訊手冊**（頁 23-28）。台北：教育部。

黃韶顏（1997）。**團體膳食製備**。台北：華香園。

黃慧真（譯）（1994）。**發展心理學——人類發展**。台北：桂冠。

楊素卿、楊麗齡、朱珊妮（2004）。**嬰幼兒營養與餐點**。台北：禾楓。

董家堯、黃韶顏（1999）。**幼兒營養與膳食**。台北：心理。

虞彬彬、黎世英（2002）。**幼兒餐點設計與製作**。台北：啟英。

盧佩旻（2008）。**屏東縣國幼班餐點現況之探討**。國立屏東教育大學幼兒教育研究所碩士論文，未出版，屏東縣。

羅蕙綺（2005）。**以醫院為基礎的產後母乳哺育志工方案對婦女哺乳的成效**。國立台北護理學院護理助產研究所碩士論文，未出版，台北。

蘇秋帆（2005）。**零至一歲嬰兒飲食營養與生長發展狀況之前瞻性研究**。國立台灣師範大學人類發展與家庭研究所碩士論文，未出版，台北。

蘇郁芬（2007）。**估計國內母乳攝取量及零到六個月嬰兒營養狀態與生長發育之研究**。國立台灣師範大學人類發展與家庭學系碩士論文，未出版，台北。

英文部分

Anderson, D. (1997). Cooking, children & youth, parents & parenting, culture, food. *National Review.* New York: Jun 2, 1997. Vol.49, Iss. 10, p.59 (1pp.)

Fishman, S., & McCarthy, L. (1998). *John Dewey and the challenge of classroom practice.* N.Y.: Teachers College Press.

Herr, J. (1998). *Working with young children.* The Good Heart-Willcox Company.

Ladd, G. W. (1981). Effectiveness of a social learning method for enhancing children social interactions and peer acceptance. *Child Development, 52,* 171-178.

Osborn, D. K., & Osborn, J. D. (1989). *Discipline and classroom management.* Athens, GA: Daye Press.

Pipes, P. L., & Trahms, C. M. (1993). *Nutrition in infancy and childhood* (5th ed.). St. Louis, MO: Mosby Year Book.

Spodek, B., & Saracho, O. N. (1994). *Dealing with individual differences in the early childhood classroom.* White Plains, NY: Longman.

World Health Organization（http://www.who.int/en/）

台北榮民總醫院（www.vghtpe.gov.tw）

台灣母乳協會（www.breastfeeding.org.tw）

台灣營養學會（http://www.nutrition.org.tw/）

行政院衛生署食品藥物管理局食品藥物消費者知識服務網（http://consumer.
fda.gov.tw/）

財團法人台灣癌症基金會（http://www.canceraway.org.tw/）

財團法人董氏基金會（http://www.jtf.org.tw/）

農委會（http://www.coa.gov.tw/show_index.php）

維基百科（http://zh.wikipedia.org/wiki/Wikipedia:首頁）

筆記欄

筆記欄

筆記欄

國家圖書館出版品預行編目（CIP）資料

嬰幼兒營養與膳食：理論與實務 / 黃品欣, 陳碩菲, 陳淑美著
-- 二版. -- 臺北市：心理, 2012.10
面；　公分. --（幼兒教育系列；51159）
ISBN 978-986-191-517-3（平裝）

1. 小兒營養　2. 食譜

428.3　　　　　　　　　　　　　　　　　101017553

幼兒教育系列 51159

嬰幼兒營養與膳食：理論與實務【第二版】

總 校 閱：黃品欣
作　　者：黃品欣、陳碩菲、陳淑美
執行編輯：陳文玲
總 編 輯：林敬堯
發 行 人：洪有義
出 版 者：心理出版社股份有限公司
地　　址：231 新北市新店區光明街 288 號 7 樓
電　　話：(02)29150566
傳　　真：(02)29152928
郵撥帳號：19293172　心理出版社股份有限公司
網　　址：http://www.psy.com.tw
電子信箱：psychoco@ms15.hinet.net
駐美代表：Lisa Wu（lisawu99@optonline.net）
排 版 者：臻圓打字印刷有限公司
印 刷 者：正恒實業有限公司
初版一刷：2010 年 4 月
二版一刷：2012 年 10 月
二版二刷：2015 年 9 月
I S B N：978-986-191-517-3
定　　價：新台幣 300 元